矿山生态修复研究与矿山公园实例分析

——以内蒙古自治区金属矿为例

魏光普　著

中国农业大学出版社
·北京·

图书在版编目(CIP)数据

矿山生态修复研究与矿山公园实例分析:以内蒙古自治区金属矿为例 / 魏光普著. --北京:中国农业大学出版社,2023.6

ISBN 978-7-5655-2995-5

Ⅰ.①矿… Ⅱ.①魏… Ⅲ.①金属矿-矿山环境-生态恢复-研究-内蒙古 ②矿山-国家公园-建设-内蒙古 Ⅳ.①X322.226②S759.93

中国国家版本馆 CIP 数据核字(2023)第 103424 号

书　　名 矿山生态修复研究与矿山公园实例分析
——以内蒙古自治区金属矿为例

作　　者 魏光普 著

策划编辑 梁爱荣　　**责任编辑** 梁爱荣 刘彦龙

封面设计 李尘工作室

出版发行 中国农业大学出版社

社　　址 北京市海淀区圆明园西路 2 号　　**邮政编码** 100193

电　　话 发行部 010-62733489,1190　　读者服务部 010-62732336

编辑部 010-62732617,2618　　出 版 部 010-62733440

网　　址 http://www.caupress.cn　　**E-mail** cbsszs@cau.edu.cn

经　　销 新华书店

印　　刷 北京虎彩文化传播有限公司

版　　次 2023 年 9 月第 1 版　2023 年 9 月第 1 次印刷

规　　格 170 mm×228 mm　16 开本　9.25 印张　171 千字

定　　价 68.00 元

前　言

金属矿开采导致了生态环境的污染，而绿水青山的建设是改善矿山环境的基础，通过基本科学数据、资料和相关信息进行系统的调查、监测、采集，并进行评价和综合分析是科学建设的正确途径。矿山生态修复先后经历了四次大型的思想变革，因其存储的资源、污染特点、气候环境等众多因素的差异性而不能完全标准化地开展修复工作，本书对典型金属露天矿及其矿山公园生态修复方法和设计研究进行了介绍。

本书分别对矿山的分类、矿山公园的分类、矿山及其矿山公园生态修复建设的基本理论进行了阐述，并以内蒙古自治区金属露天矿为例，分析其开采特点、污染特征以及复垦与生态修复技术方法、矿山公园景观规划设计的思路等。本书将这些内容梳理并编辑成册，方便读者了解矿山生态环境现状与典型矿山人居环境的生态修复与重构，加强对资源开发利用、人与自然关系的感性认识。

本书第 1 章对矿山进行分类：按资源种类分为金矿、煤矿、铜矿、铝土矿、采石矿等；按开采方式分为地下矿产开采、露天矿产开采、露天和地下工程开采；并对不同矿山的污染特征进行了分析。第 2 章对矿山公园概念进行了辨析，并梳理了内蒙古矿山公园的发展历程以及国际级、国家级、省市级、地市级、县级矿山公园的分类。第 3 章对矿山公园生态修复的理论进行了梳理，包括景观生态学、景观都市主义、生态演替理论、植物群落稳定性理论、植物群落自恢复理论等。第 4 章、第 5 章主要对内蒙古典型金属露天矿山的开采、污染进行分析，并通过各类型实验结果分析了矿山公园的设计策略，筛选了植物景观设计的主干树种。第 6 章、第 7 章围绕内蒙古典型多金属露天矿的矿山公园规划设计的方法进行了分析、解读与设计。本书通过相关研究，探求矿山生态修复的基本规律，以期推动内蒙古自治区矿山公园科学建设工作。

本书获得内蒙古自治区关键技术攻关计划项目（2020GG0227）以及中国博士后科学基金项目（2021M690570）资助。

特别感谢包钢集团白云鄂博矿的大力支持。

感谢内蒙古科技大学于晓燕副教授以及张钰沅、吴雨彤、赵嘉玲、芮晨雨、何志昊、张雪婷、王晓宇、康瑜等研究生们的大力帮助。

著者

2022 年 11 月

目　录

1　矿山及矿山修复的概况 …… 1
1.1　矿山的概况 …… 1
1.2　矿山污染的特征 …… 3
1.3　矿山生态修复的概况 …… 8
2　矿山公园及内蒙古自治区矿山公园的概况 …… 24
2.1　矿山公园的概况 …… 24
2.2　内蒙古矿山公园的概况 …… 29
3　矿山公园建设的基本理论 …… 37
3.1　矿山公园生态学理论 …… 37
3.2　矿山公园景观重构理论 …… 42
3.3　矿山公园生态修复理论 …… 47
3.4　矿山公园生态修复的方案 …… 50
4　内蒙古多金属矿山实例分析 …… 64
4.1　研究区概况 …… 64
4.2　矿区土壤样品采集 …… 70
4.3　矿区土壤中污染物含量测定 …… 71
4.4　矿山植物多样性研究 …… 78
4.5　植物体内重金属的含量分布及富集特征 …… 85
4.6　植物体内轻稀土的分布及富集特征 …… 89
4.7　植物体内放射性核素的分布及富集特征 …… 91
5　植物对镧、铈离子吸收的差异性研究 …… 95
5.1　矿山修复抗逆性园林植物的选择依据 …… 95
5.2　试验材料与方法 …… 97
5.3　试验研究结果分析 …… 100
5.4　研究结果与讨论 …… 113

6　白云鄂博矿山公园一期景观策划 …… 115
6.1　设计说明 …… 115
6.2　生态修复技术分析 …… 117
6.3　矿山公园一期规划设计 …… 120
7　白云鄂博矿山公园二期景观规划 …… 127
7.1　设计说明 …… 127
7.2　生态修复技术分析 …… 129
7.3　矿山公园二期规划设计 …… 132
7.4　设计特点分析 …… 137
7.5　设计策略分析总结 …… 138
参考文献 …… 141

1　矿山及矿山修复的概况

1.1　矿山的概况

1.1.1　矿山的定义

矿山是指具有一定开采价值的矿石采掘独立生产经营场所。矿山由一个或多个采矿井(或称采掘厂房、露天采场、坑口等)和部分辅助厂房组成,多数矿山还包括洗煤厂(即选矿场)。

矿产资源的开发利用是中国快速发展和城市化进程的重要驱动力之一。截至2022年底,中国已发现173种矿产,其中能源利用矿产13种,金属矿产59种,非金属矿产95种。能源消费结构中各类能源占比分别为:煤炭56.8%,石油18.9%,天然气8.4%,水电、核电和风电等非化石能源15.9%。

1.1.2　矿山的类型

基于对矿山生态与植被修复的需求,可对矿山作出如下分类。

(1)按矿产资源种类分为金矿、煤矿、铜矿、铝土矿、采石工程等。

(2)按矿产开采方式分为地下矿产开采和露天矿产开采。地下矿产开采,是以斜井、立井等开发方式进行的矿产资源开采与开发再利用(煤炭、金属矿等)。地下开采适用于具有一定倾斜角度的、上覆土层较厚或埋于地表之下的薄矿藏;露天矿产开采则是以剥离的方式完成矿产资源开发,适用于埋设深度较浅的矿藏。不同的矿山开发方式所造成的开采损伤程度和排渣量也不相同,比如地下开采会产生大量采空区,最终植被修复的形式和内容也有所不同。

(3)按矿山生产状况分为开采矿山和关停矿山。随着矿井开采条件的变化,生态恢复工程有所不同,对土壤的利用方法也各有不同,因此工作场地的维护措施也多种多样。

1.1.3 矿山废弃地的概况

在采矿活动中遭受损害，不能进行有效治理而无法被人类利用的土地统称为矿山废弃地。矿山废弃地由于遭受矿业活动的扰动，既丢失了自然表土特征，又存在着多种极端理化特性，对土壤生态环境产生了巨大威胁，其中最突出的问题是土壤中重金属元素浓度过高，造成了严重的生态环境污染。

1. 矿山废弃地的类型

(1)煤矿废弃地　包括土场、采坑场地、沉陷收缩区、煤矸石堆放场地等。

(2)金属矿区废弃地　包括低价值废矿石的尾矿库、采矿坑、堆放场等。

(3)非金属矿废弃地　包括取土后的废弃厂、砖瓦厂等较贫瘠区域。

2. 矿山废弃地的特点

(1)地形破碎　矿山开采和渣土堆放是对地形地貌进行再塑造的人工活动。矿山地势起伏较大，而私人小矿山的无序开挖和堆积，让地貌更加破碎；矿山开采区常形成采矿陡壁、渣土区，占地面积大，并同时存在坡度大小不同的破碎砂石边坡和不稳定弃渣边坡；而地下采空区往往导致土地地表沉降。

(2)立地条件差　矿山废弃地土地保水保肥能力普遍较差，土壤肥力和水分不足，土层较薄，甚至无土；存在对植物生长不利的污染土壤，不具备植被恢复能力的土壤条件。

(3)交通运输不畅　从事石料、煤矿等开采的乡镇和个体私营企业，为减少投入，修建的施工道路大多不通畅，所以在植被恢复过程中会出现交通不便的情况。

(4)高陡边坡　矿山开挖形成的超高陡裸石，自然植被具有相当大的恢复难度，且大部分排土场、渣土场都不能实施修建拦沙坝、挡土墙等防止水土流失的治理措施，因此出现严重土壤侵蚀，不仅会产生边坡安全隐患，还可能引发泥石流、山体滑坡等地质灾害。

(5)排水不畅　矿山开挖中弃土的不合理堆放，可能会引起堵塞通道、小流域排涝困难等问题。地质扰动、排水系统损坏等开挖过程中发生的问题，会影响排水流速。

(6)采空区易坍塌　矿山内生态植被修复存在的又一重大困难，是地下开采而产生的采空区。由于采空区存在坍塌的可能性，可能使井下水位降低，原来的植被生长速度也可能下降。而如果发生坍塌，地形地貌会发生变化，就必须重新建立植被。

1.1.4 矿区的构成

可根据功能分区和地貌的不同类型对矿区进行分类。

(1)按功能分区分类　分为采掘区、矿物生产区、渣土区、办公后勤区和物流运输区等。在生态植被修复的过程中,采掘区与渣土区是修复的重点,渣土区主要包括矸石山、排土场和尾矿库,这两个分区的工作技术难度相当大。

(2)按地貌类型分类　分为采挖坡面与平台区、弃渣坡表层与平台区和采空区。采挖坡面的处理因多陡坎和板岩成为矿山环境植被修复的难点;弃渣区坡面要有利于地貌处理和植物恢复;采空区土地有独特的立地条件,所以应实行综合利用,从而减少地质灾害的发生。

1.2 矿山污染的特征

1.2.1 矿山污染概述

中国的矿业活动主要指矿物的开发、选矿和冶炼。矿业活动产生的自然环境问题繁多,污染源主要为坑内污水、矿石和废石堆所形成的淋滤废水、矿井工业废水、矿石粉尘、燃煤废气产生的烟雾和 SO_2 以及放射性物质的辐射等。治理污染需要耗费大量人力、物力、财力,且很难恢复到原有生态环境水平。

1. 矿山大气污染

矿山在开采过程中会产生各类气体废物,如柴油发动机在开采中形成的 SO_2 和 NO_2;在采石过程中所形成的可吸入颗粒物以及总悬浮粒子;取砂作业区大量的装卸、挖掘工具及装载车辆带来的扬尘;煤矸石堆形成的扬尘物以及主、副井内场地蒸汽锅炉所产生的烟气、SO_2 等。

2. 矿山废水污染

矿业活动过程中所形成的各类工业废水,主要包括矿坑污水、选矿废水、冶金污水及尾矿池污水,如在煤矿、金属及非金属矿工业中产生的废水,煤矿井下水、生活污水以及雨季煤炭、煤矸石淋滤下的渗水。其危害涉及水生生物、农业生产和人体健康,并且腐蚀矿山设备、污染地下水。

3. 矿山固体废物污染

矿山固体废物,一般包括在矿业活动中各种开采所形成的废石以及在选择流程中被剔除出来的尾矿。矿山固体废弃物主要有煤矸石、废石料、尾矿以及少量生活废弃物，其中大部分的弃土与弃石都是以临时堆放的方式占压土地。对于大型露天冶金矿山，每采 1 m^3 矿石需剥离 8～10 m^3 废石，每采 1 m^3 的铝土需剥离废石 13～16 m^3，而煤矿露天开采的剥离比一般金属矿更大。

4. 矿山噪声污染

矿山噪声污染包括采石场、铁矿等矿山的爆破施工、机械设备作业产生的巨大噪声；煤矿主工场和风井场的通风机、低压风机、高压锅炉、自动化水泵等机械运转产生的噪声；矿井煤炭转载搬运和洗选等过程中各类装置所产生的噪声。

1.2.2 矿山污染对生态环境的影响

矿业活动中，采矿过度或不合理的开发、采掘，产生了大量的环境污染和资源毁坏等问题，也对公民的生命安全和健康带来了极大的影响，严重地威胁着人类的生存。如何科学利用矿山资源，使矿山开发过程对自然环境的直接影响减小到最低程度，实现矿区内经济社会的可持续发展，是人们面对的重要课题。

矿山污染对环境的危害一般包括以下几个方面。

1. 对空气质量指数(AQI)的影响

矿山生产主要环节以及矿井废石场、尾砂池形成的大量灰尘，在外力的影响下逐渐弥散，进而产生大量飞扬的沙尘，造成空气中粉尘浓度超标数十倍，从而大大降低了空气能见度。

废土、废渣、扬尘以及废气排放都会造成严重的空气环境污染，在煤矿与硫化工业生产中尤为明显。煤炭开采过程中产生的工业废物，多含有烟尘、氮氧化物、SO_2和 CO 等；冶炼 1 t 硫黄排放有害气体 1 万 m^3，其含的 SO_2 和 H_2S 折合有 1.8 t，同时会有废水及汞(Hg)、镉(Cd)、砷(As)等有害物质大量地产生出来。

矿业废弃地大气污染的最重要源头之一就是尾矿的飞扬，而尾矿飞扬是尾矿环境污染物重金属扩散的一条途径。大气沉降是重金属流入环境的重要途径，对环境的危害甚至比采矿本身对环境污染的危害更大。在干旱少雨地区，尾矿飞扬引发的环境问题更为严重。因此，控制粉尘的污染是矿山环境保护的重要工作。

2. 对地形地貌的影响

矿山采挖过程中的地基整平、土层剥落、路面施工、运输建设等，会对地质产生重要影响。而开采时期废石的堆放，对废石场地质环境的危害也较大。地下开采所造成的地面沉降和崩塌，也会引起地形地貌变化。露天采挖剥离土壤的方法，明显地影响了采掘区的土壤地表自然景观，而地下开采并没有直接破坏地表的土壤。露天开采对地表自然景观的损害远超地下开采，使矿山周围生态环境形成不可逆的改变。

3.对动植物生活环境的影响

采矿点及其环境构成了一个整体的自然生态系统。生态系统本身也具备了相应的调控能力,从而可以维持与自身环境相对的生态平衡。但这种自我调控能力并不是无限的,当人类的生产活动影响了环境系统中的部分因素,或者其中某一个入侵物种也会破坏生态系统的平衡。自然生态系统受整个人类生产活动的影响,比如人为的采矿工程,毁坏了植被系统和水域环境,使某些野生动植物失去了其最适宜的生长环境,从而导致一些生物在这一区域消失。野生动植物栖息地的变迁、水域环境污染、土壤流失导致水生生物系统的破坏,以及大气的严重污染会导致动植物的突变或死亡,从而损害生态系统,最终将影响人类的生存。

(1)植物破坏　任何矿山的建设都会由于对矿山开发和生产的特定需要,使矿区的山势地貌出现不同程度的变化,从而损坏矿区的地表自然景观。废石、尾矿、工业场所、机械设备等对植被的挤压和损伤以及因矿床疏干排水造成地下水位降低等均会对矿区以及工矿区附近地表植被造成损坏。耕地地表高低不平致使无法耕种或诱发地质灾害。一个矿场在开采前多为树林、草地及布满植被的山体,由于矿山开采,自然植被逐渐消失,山体也遭到了摧毁,大量废料堆积,最终形成了不同于周围环境甚至和周围环境极不和谐的面貌。自然植被的毁坏,地表形态的变化,导致矿山生态环境恶化,进而造成耕地荒芜和土壤流失,对环境服务功能的实现产生直接的影响。

(2)生物锐减　采矿活动中往往要大规模清除植物,使不同区域的生态环境遭到损害,大型植被作为重要物种源也常常被打碎成一些细小残块,从而影响了林地斑块功能的正常发挥,也阻碍了生物的迁徙;乡土植物生态种群受到了严重破坏,并出现了植物群落逆向演替的过程。这些都影响到了自然环境中生物的数量和质量,导致生物多样性降低。生态系统被破坏和生物多样性下降后,恢复变得更加缓慢。同时,土壤基质在采矿后所受到的环境污染,还会影响周围区域的生物多样性,也导致了矿区下游和周边地区的环境改变。

4.对景观环境的影响

露天采矿剥离了表层土,导致大量岩块暴露,严重损坏原有山体,也影响自然景观。矸石可以发生自燃现象,其燃点达到后会燃烧,存在极大的生态风险;矸石常常裸露于场地里,严重扰动了矿山生态自然环境景观。光裸岩地分布于沿线交通路口,形成了"马赛克"斑痕,影响了矿区的景观效应。此外,地下矿井开采而产生大面积的采空区,易引起地层下沉,使地面建筑物、道路及其他基础设施变形破坏,直接影响区域生态景观价值。

5. 对水土流失的影响

矿业活动,特别是露天开采,使地面植被和山坡土壤遭受巨大损伤,所形成的松散物料,如废石、废渣等,极易导致矿区水土流失。采矿活动中的开挖山体、砍伐树木、剥离表土,以及废土、废石的堆放占地,都会造成水土流失。露天开采占地所需面积往往是矿体面积的5倍以上。

采石工程监管不严、盲目开发、缺乏适当的水土保持措施等问题增加了土壤侵蚀的范围,也增大了土壤侵蚀力度;弃渣不合理堆积和未设置拦挡措施会造成严重的水土流失。而利用倾倒方式形成的天然边坡,由于不分层、无压实,松散率和坡度都较大,在无遮蔽、无拦挡措施的条件下,极易产生水土流失。大量的矿渣无序倾倒,占压了农田,甚至阻塞沟道影响了排洪。

6. 对水系的影响

各类污染物和含高毒性化学物质的采矿废水及生活污水,在进入水域后改变水质正常组成,超过水域的自净力,使水域环境污染,严重损害了水域本来的功能。废矿、废土和尾矿砂中的硫化物经过长期降雨、腐蚀和淋滤之后,会流出大量的酸性废水,其中含有高浓度金属盐、酸根离子、有机物质、硫化物及其他化学物质。这些废水一旦排入水域将引起河流环境污染,如果流入地下,则将使地下水的矿物量和硬度提高,甚至具有毒性。

各种金属、非金属以及煤矿产生的废水以酸性为主,且多含有大量的重金属和有毒元素,还包含挥发性化合物、苯类和多环芳烃类物质。许多矿业活动产生的废水处理未达标就随意排放,甚至排放到地表及周边水体中,污染了土壤、地下水和周边水域。

含硫固体废弃物也是环境问题中比较突出的一类,因矿山废料含硫量较高,这类废弃物酸化产生大量酸性废物,导致了土壤酸化。含硫固体废弃物裸露在大气中和水域表面,在微生物的作用下,会快速氧化产生酸,从而使得有害元素的产生速率快于自然的风化过程。在pH相对较低的环境下,水域中明显富集可溶性的铁(Fe)、锰(Mn)、钙(Ca)、镁(Mg)、二氧化硫(SO_2),还有重金属元素如铅(Pb)、镉(Cd)、铜(Cu)、镍(Ni)等。酸性废水的污染有以下4个特点。

(1)矿山废弃物的酸化具有普遍性　含硫废弃物都有酸化的可能,硫铁矿和大部分有色金属矿的废弃物都存在不同程度的酸化问题。

(2)矿山废弃物的酸化具有严重性　矿业活动中排出的废水是酸化物质的主要来源,会导致pH降低、重金属和盐分含量增加,因此,对环境的污染非常严重。

废弃物的酸化也会导致废弃地上重建植被逐步退化或者逆向演替。

(3)影响具有广泛性　由于矿山废弃的酸化是一个普遍的现象,因而影响范围极其广泛。

(4)污染具有长期性　有预测模型研究发现,矿业活动所剥离出来的废石和废土因淋滤作用产生的酸性污水和重金属污染持续时间可达 500 年以上,而选矿、洗矿中产生的酸性废水和重金属物质污染可持续 100 年以上。因此,矿业废弃物酸化的预测与控制是世界各国都高度关注的环境问题之一。矿山废弃地的酸化及其引起的酸性废水排放问题不仅是矿山环境污染的主要问题之一,也是矿山废弃地植被重建的限制因素之一。

7. 对土地、土壤的影响

矿井开发侵占、毁坏的土地数量较多,其中侵占耕地是指由于矿井采掘和生活生产等原因而破坏的土地。露天采矿对土地资源的损害是毁灭性的。露天开采时,往往需要把矿层表面的土壤覆盖层全部剥落并搬走,这样导致了土壤的地表植被和土层结构被完全破坏。在开发出了大量矿层以后,在开采地区形成了地面坑洼、岩石裸露的特殊地形,甚至形成了水坑。

“三废”使矿山周围土质遭到了不同程度污染。大量尾矿、废土石的堆积侵占大量的土地,并且其中的有害元素通过风媒、淋滤及地表径流等方式进入到土壤表层中。同时,含有酸性物质和重金属成分的大气也会渗入土壤,使土壤中的微生物死亡,且上述有害成分在土壤中的大量积聚,会导致土壤的污染超标、酸化、毒化以及理化性质变差等。《全国土壤污染状况调查公报(2014)》显示,在中国范围内矿区的 1672 个土壤点位中,约有 33.4%的点位被检测到土地污染物浓度超标。

重金属浓度较大的废料在露天存放后会很快风化,并通过降雨和风力的作用扩散到周边地区。所以重金属物质进入土地后,会在植株体中大量累积,并经由食物链最后传递到人体内,从而影响人类健康。重金属的可迁移性较差,也不易降解,所以在自然环境中还会继续蓄积。

8. 对防洪安全的影响

采矿弃渣的无序堆放,严重侵占了防洪通道,影响泄洪安全,极易导致山洪、泥石流等地质灾害的发生。例如,矿山排出的渣土常堆在坡地上或沟谷里,而暴雨诱发松散材料很容易产生泥石流灾害。2018 年,山西新塔矿业尾矿库发生特大溃坝事故,此次事故泄容量达 26.8 万 m^3,过泥面积 30.2 hm^2,并且波及位于下游 500 m 处的矿区办公楼、市场和民宅,直接经济损失达 9000 余万元,还造成了重大人员伤亡。

9. 对地质灾害的影响

矿山地质灾害是指在矿床开发活动中，由于大规模的开挖井巷而引起岩石体变化，严重损害矿山设施和矿井资源环境，危害矿山的产出，而且随着矿井地貌产生巨大改变，最终将危及人类生命财产安全。在各种矿山开采活动中，煤矿矿井情况最为严峻，其地质灾害种类较多且频繁；铁矿、铜矿等金属矿和非金属矿也各有地质灾害发生；放射性矿山开采，则会有放射性灾害的发生。

矿山地质灾害主要包括地表塌陷、山体滑坡和泥石流。

(1)地表塌陷　地下开采中，大量矿石资源被采出后，打破了岩块自身的稳定状况。上覆岩层将依次发生冒落、破碎、弯曲等移动变形，最终波及地表，从而导致了采空区块范围的土壤上部发生大规模的塌陷，造成一个比采矿区域范围大得多的沉降盆地。沉降盆地中的土壤将出现大量变化，并由此造成土地生产力的明显下降或完全丧失。而沉降对土壤损害的形式主要有水渍化、盐渍化、断裂和土壤地表倾斜。地表塌陷造成潜水位的增高，当其上升到作物根系所及的深度时，土壤便出现了水渍化。而在沉降盆地的外围，地表也因拉伸而变形并出现裂缝，裂缝导致土地水肥的缺乏、农作物减产，这在丘陵山地表现最为严重。

采空区地面塌陷是矿山开采中最普遍的灾害，在许多矿区都会出现，北方煤田尤为突出。原因大多是由于不合理开采，例如，盲目开采及滥采等，以及爆破时的某些震动，导致顶部过薄处(最薄处不到 1 m)非常容易塌陷。宏观分析显示塌陷与采矿量大致呈线性关系。采空塌陷面积一般都很大，通常在几百平方米以上。

(2)山体滑坡和泥石流　在矿山采挖的过程中，场地及边坡的开挖直接影响山体结构和边坡的安全稳定性。同时，采矿废石、废土处置不当会形成人工堆积滑坡；剥离或回采不当会造成边帮滑坡。采矿往往会促使原有滑坡和泥石流危害增大。

1.3　矿山生态修复的概况

1.3.1　生态修复的相关概念

1. 生态修复的概述

生态修复是生态破坏的相对含义，指为促进已经遭到毁坏的生态系统的修复，通过人工控制措施使生态系统在恢复时期内良性运转。生态修复更多注重的是恢复其生态功能，而不要求其完全恢复到原来的自然状况。在一定的地区、流域中，通过生态系统本身的自组织、自调控功能的单独作用，或通过人工控制功能的综合作用，使曾经遭到局部损害或全部损害的生态系统回归到相对安全的水平。生态修复包括自然生态修复和人工生态修复。生态修复工程具有要素涵盖多、范围涉及广、整体性强、时间跨度大的特点。生态修复将人类影响和社会经济文化等因素纳入考虑范畴，在理论研究和实践探索中加以综合考虑。

2. 生态恢复的概述

生态恢复是指停止对生物多样性的人为干预，以消除自然环境所受到的超负荷冲击，并借助自然环境原有的自适应、自协调、自控制功能，遵循自然环境自身规则的天然演替，使整个自然环境经过长久的休养生息，向自然的状态演进的过程。生态恢复强调以生态系统本身的自我组织调节功能为主，以通过外界的人工技术调节为辅，呈现生物多样性的自然属性。破坏的生态系统可以在较长的时间内逐步恢复到结构合理、生态功能完整的状态，其最终呈现出的生态效应也是较为长久和稳定的。

3. 生态重建的概述

生态重建指对受到自然灾害或人为破坏的生态系统实现恢复的过程。它的含义与技术都比“生态恢复”更为丰富，在生态文明和理念上的地位也更为重要。生态重建基于生态学原理，综合采用相应的生物、生态与信息工程管理等方面的技术方法，通过人为地改变或切断生态与环保体系中退化的主导作用因子，调节、优化体系内部的物质、能量和信息资源之间的流动性和时序性，使生态系统的基本结构以及生态能力尽快地恢复到一定的水平。

4. 生态修复概念的内涵及外延概述

实现生态的自我修复，要遵循人与自然和谐相处的原则，最大限度地减少人类因获取自身利益而肆意损害大自然的活动发生，并借助大自然的力量，以实现环境自身恢复的目的。其含义包括三方面：①遵循自然生态规律；②自然资源的充分利用；③植被的迅速恢复。其方法主要分成五类，即土地改造、耕地复垦、植被修复与重建、预防耕地退化、小流域综合整治等。

近年来，有研究者提出，对生态修复的定义应当涵盖生态恢复、重建与改建，其真正的含义可理解为：通过利用外界科学技术方式，将已经受到严重破坏的生态系统加以修复、重建或重构。生态系统的自身调控过程对环境本身是一种恢复。所以，对生态恢复在外延上只能分四级认识。第一级是对自然环境的恢复，即传统的生态修复；第二级是较严重的人为扰动或破坏的生态的恢复，即新项目的恢复；第三级是大范围的农业、林业和畜牧业生产活动后生态系统的自我恢复过程，即人口稠密的农牧林区的生态修复;第四级是由于自然灾害等原因所导致的较小型人类行为毁坏生态的自然恢复,即人迹罕至区的环境自我修复。矿山生态修复研究进展见表 1-1。

表 1-1　矿山生态修复研究进展

时间	代表国家	修复工程	技术措施及特点
1766—20 世纪 20 年代	德国	采矿地及废弃地的生态修复工程	土地复垦
20 世纪 30 年代	美国、澳大利亚、苏联	矿山的生态修复工程	矿山复绿
20 世纪 50 年代	法国	矿山及露天排土场修复工程	一是试验阶段,二是综合栽培,三是树种的多样性和分阶段栽培
20 世纪 60 年代	苏联	闭坑后开展生态修复工程	采矿废弃地的生态修复建设主要采取了生态介入措施
20 世纪 70 年代至今	美国等	矿山公园	多学科联合修复
20 世纪 50—60 年代	中国	矿区生态修复	分散、小规模
1986—1989 年	中国	制定《中华人民共和国矿产资源法》《土地复垦规定》	矿山修复并未对景观进行设计
1990—2000 年	中国	科学性、系统性、专业性修复	初具规模
2001 年至今	中国	矿山公园	微生物、遥感、医学等新学科联合

1.3.2　矿山废弃地的生态修复概念

矿山废弃地生态修复是指对矿山开采后被废弃的场地,通过使用生态修复技术,恢复到接近矿山开采前的生态环境状态,或恢复到与周围景观和谐共存的生态环境。它强调的是一个动态的过程,而不只是结果。一般地,矿山活动造成的损害会超过采掘前生态系统的恢复承受力度,特别是金属矿开采后的废弃地,其造成了极端的环境,植物在自然条件下几乎不能生存。

矿山生态环境破坏包括采挖、塌陷、水土流失、压占等,其生态系统的结构组成和功能特性都发生了极大的变化,是典型的退化性生态系统。中国矿山恢复重点在矿井废置地和有色金属尾矿库植被覆盖等方面。目前,对中国矿山恢复较为成熟的实践分析大致有七大类型,即生态恢复、复垦造田、新资源开发和利用、旅游规划、垃圾处理、叠山引水和仓储类。生态恢复工程占据了主要的类型,而旅游开发类则与之相平衡,两者共同占了中国矿山修复工程的一半以上。

矿山废弃地生态修复具有系统性和整体性的特征,它既包括了废弃地所在地的土壤、植被、地下微生物、水文、污染、气候等因素,同时还具有生态学、土壤学、植物生物学、化学、农学、林学、岩土力学等多学科交叉的特点。理论上,矿山废弃地生态修复研究方法基本是生态学理论。矿山废弃地生态修复建立的技术方法在废弃地系统的退化、自然恢复与理论研究的基础上,指导和恢复因开采引起的退化生态系统,最终为废弃地生态保护、土地利用和生物多样性保护等服务。

1.3.3 矿山废弃地生态修复的主要基础理论

矿山废弃地生态修复的主要基础理论包括两部分,即生态学理论和土壤重构理论。

1. 生态学理论

从修复生态研究成果中可以看到,“恢复生态学”是1980年从现代生态学分支出来并取得有效发展的一门科学,其重要的基础理论是自我设计理论和人为设计理论。自我设计理论认为,如果时机适当,退化性生态系统会随时间的发展,依据周围环境实现自我组织与自我修复,并通过生态系统自身调剂作用完成修复。而人为设计理论认为,自然退化性生态系统也可利用工程、植被重建方法进行直接恢复,恢复的方式也富有多样性。虽然恢复生态学采用了多种学科专业的理论知识,但应用最为普遍的仍是生态学理论。这些理论主要有以下几个。

1)限制因子原理

生态因子是指在自然界中直接或间接影响生物生长发育和行为分布的环境因素,如气温、相对湿度、O_2和其他相关生物因素等。生态因子的综合效应会直接干扰生物的繁衍情况,其中限制生物的存活、繁殖等行为的关键性因素被称为限制因子。任何生态因子都有可能变成限制因子,当生态因子超过生物或整个环境的承受范围时就变成了限制因子,限制因子直接制约了整个自然界的发展。通常,许多因子同时在整个系统的发展进程中起着控制作用,因子间又具有相互影响的功能。如果一个自然或生态体系遭受破坏,进行修复时会面临许多因子的不利影响,如气温、水分、土壤、光照条件等,而生态恢复工程又会在多种角度对生态环境和生物种群进行设计。

因此，在进行生态恢复时必须找出切入点——关键因子，以此开展恢复工程。

对矿山废弃地的植被进行修复时，应首先查看该地区的年平均降水量、土质、气温等自然条件，以寻找生态修复的主要控制因子。例如，植被生长所需要的土壤就是岩质化边坡生态修复的主要制约因子；南方很多矿山废弃地边坡生态修复的主要限制因子是土壤的板结和酸度大；北方很多矿山废弃地边坡的限制因子主要是土壤污染和缺水。因此，矿山废弃地的植被生态修复方案应按照"一矿一案"的原则设计。

2)生态系统的结构理论

生态系统是指生态组成与自然环境组成复合起来的、井然有序的结构系统，具体的生态系统的构造包括物种结构、营养结构和时空结构三个方面。

系统功能的提升是建立在生态系统合理结构的基础之上的。生态系统的良性结构主要是生态群体和自然环境资源内部的协调统一，以及发挥资源优势，从而保障自然资源的可持续利用。在营养结构方面，要做到多极利用，转换生物物质和能量，以建立有效而无废弃物的系统；在生命结构方面，强调符合系统平衡和可持续性发展的生物多样性；在时空结构方面，要使光、电、水、热、土壤等资源得以充分发挥，从而增加对光的有效利用。按照此理论，在生态恢复工程中应利用更多类型的生物物种，以实现生命内部的能量、营养物质和信息的流动互换。

3)生态适应性原理

生物在同环境长期发展演变的过程中，对自然环境形成了生态上的依赖。生物生长过程对环境条件有所要求，从而形成了对气候因子、土壤因子、水文因子等方面的依赖性，而一旦自然环境产生显著差异的改变时，生物则无法获得较好的生长发育。因此，在种植植物时应首先研究其生态适应性，使植株在最合适的生长环境下健康成长。在生态恢复时应该尽量利用原生生物，因为原生生物是和自然环境长期合作进化而来的。

在对矿山废弃地开展生态修复研究设计之前，要首先对研究区域的野生植被现有情况进行调查，对其生长环境如气候、土质和水文资料也要收集，再通过生态环境因子选定其最适宜的生态类型，并寻找与当地自然环境条件相适应的生物，使生物的类型与环境生态条件相互适应。特别是中药材、食用菌、牧草产品、野果等，可以按照它们的生长特点调整土壤，更有利于地区的植物生态修复。

4)"生态位"理论

"生态位"是指生物为了完成其全生命周期的特定生态因子位置，或以生物对生态因子的适应性程度为基本指标，或以某生物的某种限制因子为一层面，所形成的超几何空间结构。在自然学和生态学中，生态位主要指一个群体在时空上的地位，以及各相应群体间的功能关联。

例如，在矿山废弃地生态恢复重建过程中，要尽量避免同时引入同一生态位置的生物，而要适当错开不同种群生态位置，以减少生物相互之间的垂直争夺，并注意保持生态系统的生物多样性，确保群落稳定性。如在进行边坡绿化时，应尝试搭配冷季型草与暖季型草，并结合使用灌木和草本植物。

5）生物群落演替理论

在自然环境下，当原来的植物群落受到严重破坏后，虽然仍可恢复，但恢复的时间各不相同。先锋植物会先侵入破坏地，安家落户，繁衍后代。被破坏土地的自然环境改变之后，先锋植物开始逐渐被取代，其他更适宜的植物种类开始在此生活和繁殖。这种改变直至种群功能和生物组成成分恢复到其最初的面貌为止。

在原群落地点出现破坏后所引起的这一系列改变称为演替。演替的主要形式包括原生演替和次生演替。不管哪一类的演替产生都是由演替过程中初始时期的土壤条件所确定的。而原生演替和次生演替都能够利用人工方法来调整和抑制，从而改变产生演替的速度或方式。

生态恢复工程在遵循服从自然与社会发展需求的前提下，以种群演替学说为指导，利用物理、化学和生态工程等手段，对生物系统的演替流程和方向加以控制，并对系统的结构与功能加以修正或重构，使整个生态系统重新获得自我保护的状态。

其实，整个边坡生物群落都是在不断演替的。自然条件下，土壤边坡与岩质边坡间的时序和生物演替过程都是不同的。在人工调节下，土壤边坡生态修复的次序通常为“先锋植物→乡土草种→灌木→乔木”；而岩质边坡先锋植物的选用特别关键，一般选用根系发育更好、繁殖更快速的草类，并兼顾选择豆科植物。

6）生物多样性原理

生物多样性是指生命个体及其自然环境所构成的自然环境综合体及其相应的各类自然环境过程的综合，包括动物、植物、微生物和基因，以及它们与生存环境之间形成的复杂的生态系统。生物多样性包括不同的生命形态之间、自然环境之间的生存形态与自然环境之间的互动，促使各种生物学群系的复杂化、自然环境及其周围环境和生态过程的复杂化。

生物体是生态恢复的一个重要成分，因此生物多样性对于整个生态环境恢复、项目制定与评价的过程有重要意义。在生态环境逐步修复的阶段，要充分重视恢复乡土物种的多样性；从生物选择层面，要选择有利于气候适应性、土地适应性和抗干扰环境的物种；在物种层面上，按照植物退化结合其生态习性（阳性、中性、阴性，喜水、耐水、耐旱等）进行搭配，研究植被和自然发生的作用，预测植被的自然变迁、物种的遗传功能以及制约其生存、繁衍与更新的各个因素，研究影响自然生态环境的物种生态学功能，在生态系统层面上，努力恢复自然生态系统的功能与特征。

生态修复工程设计要采用融合的、先进的、前沿的、科学的、专业交叉的多种技术手段。比如，培育先锋植物，筛选富集植物，构建以乡土树种为主干树种的植物群落，结合微生物技术、工程措施等促进恢复地带性生态系统。

2. 土壤重构理论

土壤重构理论指选择最适宜的土质重建技术，通过运用工程技术措施和物理、化学、生态措施来恢复和提高重建土质的生产性，以提高土质的环境质量、将矿区毁坏地块的土壤修复或重建为目的，重新建立合理的土质剖面结构和土壤肥力。土壤是植物生长发育繁殖的基础，而土壤的物理特性、生化特征以及水肥状况对植株生长有很大的影响。植物的可持续生长，必须以适应废弃地自然环境条件下生长发育为前提条件。因此，废弃地生态修复需要参考生态学、土壤学、生态恢复学等基本理论，重建适合植被生长发育的土壤环境。土壤重构是矿山生态修复的关键，其实质是通过各种人为的方法增加有机质，加快生土熟化速度和岩石风化速度，以形成新的土层，它是土地复垦中不可或缺的内容。土壤重构的广义界定为土壤地貌重塑、土壤剖面重构和土壤改良，狭义界定是土壤剖面重构。

1)土壤物理特性

(1)土壤质地　土壤质地是指土壤中各颗粒级的浓度比例。中国一般将土壤质地分为三类：沙土、壤土和黏土。质地不同的土质特性直接影响土地的肥力特性，如透水、保水和保肥等，土质特性与植被生长有着十分紧密的关系。中国的土壤质地分类标准见表 1-2。

沙土类型的土壤沙子浓度较高，粒间缝隙较大，毛管能力弱，通气透水性好，内部排水通畅、保肥能力差，不易长期积累还原性有毒物质。土壤中微生物具有很强的生长活性，土中溶解有机质也较快，易于释放有效营养。矿物成分主要是石英，提供的有效营养物质较低，保水、保肥特性也比较差。热容量较小，土壤温度易升降且变化幅度大，土粒间的黏结性弱。

黏土粒子之间缝隙一般较小，多为毛细管孔隙和无效孔隙，但一般矿质养分含量都很丰富。由于透气性较差，黏土对有机质含量进行的分解较慢，且容易积聚腐殖质。黏土保水性很好，热容量大，但升温减热速度较慢，且温度落差小，土粒间的黏结能力较强。

表 1-2 土壤质地分类标准

项目		颗粒组成		
组别	名称	沙粒 (0.06～1mm)	粗粉粒 (0.01～0.05mm)	细黏粒 (<0.01mm)
沙土	粗沙土	>70%	—	
	细沙土	60%～70%	—	
	面沙土	50%～59%	—	
壤土	沙粉土	≥20%	≥40%	<30%
	粉土	<20%		
	沙壤土	≥20%	<40%	
	壤土	<20%		
	沙黏土	≥50%	—	≥30%
黏土	粉黏土	—		30%～35%
	壤黏土	—		36%～40%
	黏土	—		41%～60%
	重黏土	—		>60%

壤土土质黏稠适中，兼有沙质土和黏土性的优点，有利于植株生长。由于壤土具有大量空隙，同时又有比较多的毛管孔隙，故通气性与透水性都很好，也具有保水保肥功能，土温相对稳定，黏性也不大。

(2)土壤结构　土壤结构是指土粒在内外部的各种因素综合影响下，彼此相互黏结，形成尺寸大小、形态、化学特性等有差异的聚合物。它直接影响着土壤中水、肥、气、热等因素，进而极大限度地反映出土壤肥力水平。常见的土质结构形式有块状、核状、柱状、片状和团粒结构。

具有团粒结构的土质能协调水、肥、气等多种因素，是最适于植物生长发育的土壤结构。团粒结构可调整土壤含水量和空气含量之间的矛盾，可调节土地营养物质的消耗与积蓄间的冲突，也可稳定土温，调节土壤热状况，有利于植物根系延展。

(3)土壤水分　土壤水分以固态、液态和气态三种形式存在。水流入土壤后，会受到土中不同作用力的影响，如土粒表层的水分子的万有引力、毛管孔隙的毛管引力、重力等。根据土壤水所受力的程度、性质的不同，及其被植物利用情况的差异，通常把土壤中的水分为吸湿水、毛管水、膜状水、重力水四种类别。土壤从干燥状态开始吸水，随着土地水分浓度的提高，其形态经过四种形式直到饱和持水状态。

土壤中存在各种形式的水分，能被植物吸收利用的被称为“有效水”，而无法被植物吸收利用的被称为“无效水”。土壤水分对植物生长是否有效，主要取决于土壤对水的保持力和植株根系吸水力的强弱。当土壤水分保持力高于植物吸水力时，土壤水分就不能被植物利用，反之植物就能从土壤中吸取水分。不同的土壤，有效持水差异很大，主要受土壤质地、有机质浓度、土壤结构等因素的影响。

(4)土壤通气性　土壤通气性是指土壤中的空气与大气进行空气交换的能力。维持土壤良好的通气性，是保证土层中的植物、微生物正常生长、维持土壤肥力的必要条件。土壤空气与大气进行气体交换，有气体分子的扩散传播和气体的整体转移两个途径。土壤中空气的功能主要是影响种子萌发，影响植株根部的发育和吸收水分、营养物质，控制植株营养物质的迁移，进而影响养分的形态与质量，以及植株的抗病性。可见，土壤通气条件的优劣，对植株生长与发育有重要影响。因此，调整土地的透气情况，通过改变土壤物理条件，可为植株的生长与发育提供适宜的自然环境条件。

(5)土壤温度　热能是生物赖以生存和繁衍生息的基础，而土壤温度则是评价土地热能水平的重要标准。任何生命体在土中的生存活动都需要一定的土壤温度，而土中的多种物理过程和生化过程又和土壤的温度有关，而土壤温度又会对土中的水分转移、空气转换、养分物质转移等产生影响。土壤温度主要决定于土地中热能的收支和土壤的热力特征。土地热能的主要来源包括太阳辐射能、地热能、生物热能以及化学热能等。土壤温度直接影响植物种子的发芽、开花。土壤温度不仅直接决定土壤热量状况，还对其他肥力因素有很大影响。土壤温度还影响着土地中营养物质的转移与供给。因此，合理调控土壤温度，对于满足植物的温热要求和提升土壤肥力具有重大的意义。

2)土壤化学性质

(1)土壤养分　植物的组成成分非常复杂，有 70 余种，有一些成分是各种植物生长所必需的物质，又称必需营养成分。目前，已证明了碳(C)、硫(S)、氢(H)、氧(O)、氮(N)、磷(P)、钾(K)、钙(Ca)、硅(Si)、镁(Mg)、铁(Fe)、锰(Mn)、锌(Zn)、铜(Cu)、钠(Na)、镍(Ni)、钼(Mo)、硼(B)和氯(Cl)等是植物成长、发育所必需的营养元素。

根据植物对营养元素的需求量差异，将上述 19 种元素分为植物的大量元素和微量元素。其中碳(C)、硫(S)、氢(H)、氧(O)、氮(N)、磷(P)、钾(K)、钙(Ca)、硅(Si)被称为植物的大量元素，而镁(Mg)、铁(Fe)、锰(Mn)、锌(Zn)、铜(Cu)、钠

(Na)、镍(Ni)、钼(Mo)、硼(B)和氯(Cl)被称为植物的微量元素。大量元素和微量元素是根据其在植物体中的干重多少而确定的。

在上述19个营养元素中，除碳(C)、氢(H)、氧(O)来源于大气中的二氧化碳(CO_2)和水(H_2O)外，其余营养元素全部来源于土壤。不同的土壤所含有的营养元素具有较大的差异。因此，通过外源肥料的补充可以有效解决植物因土壤中营养物质缺少而导致的生长发育不良问题。

(2)土壤酸碱性　土壤酸碱性是土质重要的化学性质，是土质在生成过程中所形成的最主要属性。不同的成土条件产生了截然不同的土壤酸碱性，它对植物生长、微生物的活动、植物营养物质的生存条件，以及土地理化特性等均有很大影响。

土壤介质中存在着 H^+ 和 OH^-，而酸碱性就是土壤溶液中的 H^+ 和 OH^- 浓度比值不同而呈现的酸碱特性。如 H^+ 大于 OH^- 时，土壤呈酸性；二者比例相当接近时，土地整体呈中性；当 H^+ 小于 OH^- 时，土壤呈碱性。pH 是土壤的酸碱性的度量值，即土质 $pH=-\lg[H^+]$。

按照土壤的酸碱变化状况，并考虑土壤肥力，中国把土壤酸碱性分为7个等级(表1-3)。

表1-3　中国土壤酸碱性分级

土壤 pH	<4.5	4.5～5.4	5.5～6.4	6.5～7.4	7.5～8.4	8.5～9.5	>9.5
土壤酸碱性	极强酸性	强酸性	酸性	中性	碱性	强碱性	极强碱性

土壤酸碱性对土壤肥力与植株生长发育都有很大的影响，主要体现为对土壤养分有效性、土壤物理性质，以及对植株生长的影响三个方面。

1.3.4　国内外矿山废弃地生态修复的研究发展

1. 国外矿山废弃地生态修复研究发展

从20世纪30年代开始，发达国家对矿山环境生态恢复的问题开始重视。从20世纪中叶开始，美国、澳大利亚、苏联等都先后进行了大量的采矿及废弃地的生态修复工程，矿山生态修复工作已经成为采矿活动所必需的基础性内容，并制定了严格的开发标准，规定了矿山企业在开发工程设计和环境评估过程中都应当有生态修复设计。而在开采工程进行的同时，还需要成立专门的生态修复机构，以保证矿山修复的需求，对受到破坏的自然生态进行修复，将矿山内自然环境维持在稳定状态。

20世纪30年代以前，由于西方发达国家正处于漫长的工业革命时期，对环境保护的意识欠缺，给生态环境带来重大损害。随着工业革命的结束，全球各地都逐渐提高了环境保护意识，开始重视生态环境的恢复。欧美的矿产发达国家也加大力度注重工业矿场的环境整治，纷纷尝试着开始对一些较小型的废弃采石工地进行景观改建，西方景观设计师也把城市景观规划和植物生态研究相结合，开始从绿地系统的恢复着手，将城市绿地设计为更加亲近自然的植物生态环境和群落，从植物的生态学角度进行植物种植设计，力求达到复原自然绿地及景观生境的目标。

(1)美国的矿山生态修复　20 世纪 30 年代，美国先后在 26 个州颁布了露天矿地区关于土壤复垦方面的法律。1977 年美国正式通过了土壤复垦史上一项划时代的法律《露天矿管理及生态修复法》。按照该法规定的义务，美国全部的矿井都实现了合理的再开发与复垦过程。该法规也是美国联邦政府对矿山废弃地进行生态恢复等有关工作的重要法律依据，它也明确规定了矿山在开发后的再利用程序，以及废弃矿山生态环境保护中涉及的权属责任问题。经过 20 多年的实践，矿山中新开发破坏的农田得以有效复垦，同时还恢复了过去因采煤而留下的大量工矿废弃地，有效改变了被污染的水资源。

美国地质调查局有计划地对废弃矿场进行修复，对原来的废弃地加以整治后，可以重新种植圣诞树和干草等农作物，或者将其作为牧场或房产开发而重新利用起来。一般将矿区生态修复工作分为两个阶段，即法律颁布前和颁布后，以便使修复治理管理工作责任透明化。对法律颁布后所发生的耕地损毁，统一实施“谁开采，谁修复”的管理制度，并要求土地复垦率必须做到百分之百；而对于法律颁布前已遭到损毁的废弃矿区，通过国家筹措复垦资金进行恢复整治。美国环境法要求因工业建设而受到损害的土地要恢复到原状态。

(2)德国的矿山生态修复　1766 年，德国开始了矿山的土地复垦工作，并在采矿合同中明确矿山拥有者对矿区开采后需对其进行治理并植树。德国较为系统的土地复垦开始于 20 世纪 20 年代，规定矿区的生态重建、矿产探查和开发都是采矿的一部分。德国对土地的环境保护与管理能力较强，在采矿活动中注意将对环境的损害减至最低限度，矿山采挖后的复垦工作是整体性考虑环境的变迁以及公众对环保的要求。为了提高公众的生态环境意识，德国每年推广一些树种宣传单并打印出来到旅游区发放，并且在各州成立了环保教育基地，还设置了一些岩石标本，并把当年推广的这些植物加以栽培，供游客了解和观赏。

(3)澳大利亚矿山生态修复　澳大利亚经济以矿业为主，在矿山复垦中大量运用新型科技，政府提供所需的资金，复垦是开采技术的一部分。澳大利亚矿山生态修复有以下几个特点：①采用综合模式，对国土、环境和生态等进行全方位综合治理，解决了单项治理的弊端。②多专业联合研究：地质、矿冶、测量、环境、农艺、物理、化工、医药、社会学等多学科专业相互交流，由科技指导作为支撑。

澳大利亚以卫星远程遥感计算机等辅助创作和现代技术措施相结合的方式对采矿废弃地加以治理，既减少了不必要的投资，节省了经费，也有效地改善了周围自然环境。复垦的基本参数由卫星遥感给出，每个场址都有选择，实现了最大地形地貌、最少工程量的合理资源配置选择，并借助各种科技设备，进行生态修复过程的观察。

澳大利亚颁布了《矿山环境保护法》《采矿复垦标准》等一系列法律标准，并设置了对应的组织管理工作，建立复垦保障机制，进行多个政府部门、多个学科的共同投资，积极地进行生态建设、环境保护、化学、物理及市场经济等多学科的研究应用。

(4)其他国家的矿山生态修复　法国对土地再利用工作重点强调保证农林业的合理面积，以恢复自然生态平衡。在露天的堆土场经常覆土植草，促使土地活动，转换性再利用，最后复垦为新耕地。林业资源的再开发与利用主要分三个阶段进行：①试验阶段，研究利用各种林木培育和研究怎样提高农田土壤肥力等；②综合栽培，甄选出长势好的白杨和赤杨，大面积栽培试验；③树种多样性和分阶段栽培，即通过合理安排农、林业，逐步培育生命力最强的林木。

俄罗斯对采矿废弃地的生态修复建设主要采取了生态介入措施，也有一些恢复被毁坏土壤肥力的举措，重点包括绿化植树造林等。

对这些国家采矿环境修复方面的技术调研表明，国外相关国家在采矿废弃地生态恢复方面不但有丰富的经验和完善的规章制度，也有合理的经济优惠政策作为保障，更重要的是他们对采矿生态的维护工作贯穿于发展矿业的始终，从采矿前的预评价到闭坑后的恢复管理，都有一整套比较完备的采矿生态恢复技术体系。

2.国内矿山废弃地生态修复研究发展

中国矿山废弃地的生态修复在遥远的古代已有初步探索。例如，浙江的东湖原来是采石工厂，自汉朝起开始开山，在隋朝改造城池时进行了较大的劈山，经过长期的开采形成了奇峻崖壁，也由此产生了今天东湖的雏形。在清代，东湖地区开始筑堤，经过长期的改造，形成了风景交错的园林胜地。

中国的矿山生态修复始于20世纪50年代末60年代初，随着国家经济发展和社会可持续发展理念的不断推进，展开了一系列的矿区生态修复工程。但由于社会、经济和技术多方面的因素制约，到1980年，矿山修复基本上还是处于分散、小规模的局面。1986年颁布《中华人民共和国矿产资源法》，要求因采矿活动受到破坏的草林要进行因地制宜的复垦利用措施。

1989年《土地复垦规定》的颁布标志着中国矿山废弃地环境生态修复的全面

启动。该规定明确规定，矿山土地复垦的标准是将开采、占用、污染等受损土地恢复到开采前或相似的生态水平，确立“谁开矿、谁修复”的原则。然而，主要局限于生态复绿层面的矿山废弃地修复工程建设，并未对景观改造进行过多的设计。

中国对废弃地生态修复的研究在 20 世纪 90 年代后才初具规模。近 10 年来，此研究领域得到了蓬勃发展，逐渐形成两大研究领域。一是以北京矿冶研究总院、中南大学等为代表的科研院所，主要研究有色金属矿山废弃地的环境污染和自然生态保护系统恢复；二是以中国矿业大学和山西农业大学为代表的高校，主要研究煤矿废弃地生态修复和环境恢复。国家在全国范围内建立了 12 个土地复垦试验示范点，进行了大面积的土地复垦试验推广。

资料显示，2000—2006 年，中国在废弃矿山生态修复方面共投入 24 亿元资金，组织全国生态修复治理各类型矿山项目 797 个；2006 年至 2014 年底，中国在废弃矿山的修复治理项目中共投入 901 亿元资金。同时，许多学者把旅游、矿山公园建造等与生态修复矿山融合创新，目前这种多学科模式成为矿山生态修复和生态重建的主要途径。中国的研究方向、研究内容及修复技术也从单一化逐步向国际、跨学科、综合化、多元化转变。

2006 年是中国矿山土地复垦的一座里程碑，国资委等七个部门联合颁布《关于加强矿山土地复垦的相关通知》，标志着矿山复垦进入国家采矿许可审核中。2009 年制定了《矿山地质环境保护规定》，对矿井的生态环境和复垦的具体目标和要求作了规定。2009 年制定的《采矿及生态环境保护条例》中，国资委联合多部门颁布和实施了地质灾害与地下含水层水土保持相关的重要补充措施。

2008—2009 年《土地复垦条例》开始进行专家论证与批准工作，并准备出台。中国有关耕地保护的法律规定也越来越严格，特别是明确了保护 12 亿公顷土地，耕地复垦事业也越来越受到了中国的重视，呈现出欣欣向荣的可喜局面。

中国自 2016 年以来，矿山环境改造项目已全面启动，法律法规不断完善，相关研究不断深入。“山、水、林、田、湖、草、沙”的综合管理是环境保护和生态修复的核心思想，矿山开采从“先开采、后修复”转变为“边开采、边修复”。生态修复到生态恢复，选择森林、湖泊和草地作为实施的试点项目。通过整合各种生态修复的方案和环境保护的政策，全面解决开采对地质环境损害、土地资源浪费以及废弃矿山对当地空气、水和土壤等污染的问题。原国土资源部等五部门联合发布了指导意见，明确了完善的自然环境补偿保护经济激励机制，建立由政府部门、企业、社区等联合参加的环保维护管理新机制，尽快整合解决在建、生产矿井自然环境和历史遗留下来的新老问题，努力开辟修复与综合整治的新局面，同时强调开发式管理，积极推进市场化运营，逐步形成矿山生态修复的新模式。

党的十八大、十八届三中全会更加明晰了“人口·资源·环境”平衡发展的基本方针，进一步强化了矿山企业地质资源环境状况的维护与监督管理，以及针对矿山企业发展而产生的问题要采取有效的生态建设修复手法。“绿水青山就是金山银山”的社会主义生态文明发展理念已经深入民心，矿山土地资源的保护与恢复工作日益受到国家重视。黄河、长江流域及其沿岸经济带、京津冀周边地区，以及汾渭冲积平原等重点地区的废旧露天矿山，也开展了一系列生态修复工程建设并取得了显著效果。

我国践行绿色发展理念、深入推进矿山恢复治理，鼓励全社会力量共同参与矿山修复治理项目实施中来。2019 年后，自然资源产权制度改革更加鼓励“社会资源＋政府＋科研院所”联合参与矿山生态修复的工作中。

1.3.5 矿山废弃地生态修复面临的主要问题

中国虽然矿产资源丰富，但是资源消耗较多，这导致了矿产资源大规模地被开采。矿业经济的发展为中国经济增长做出了巨大的贡献，特别是中国西部资源充沛的地区长期靠能源支撑当地的 GDP 增长。而矿山的长期开采已经严重破坏了当地的生态环境。社会的可持续发展是我国生态文明建设的基础，因此，矿山废弃地的生态修复难题亟须解决。

1. 矿山类别多、分布广、治理难度大

中国矿山具有类型多、地域分布广且分散的特点，植被破坏的区域通常缺少水、土等，导致后期植被恢复困难。中国的矿山废弃地多，存在长期裸露、复合污染等问题，因此，这些被废弃的矿山又成为新的污染源，成为破坏生态环境的发动机和加油站。

2. 权责不明、监管不严

在矿山生态环境修复项目的实施过程中，政府有关部门没有严密的监管保障系统，难以保证所有规章制度顺利实施。一些有关矿山生态植被恢复法律法规，在实施过程中，由于法律实施保障欠缺以及各部门的行业多头管理，造成相关监督执法力度不足。废弃矿山的权属分类不同，包括国有企业、集体企业和私企。一些矿山在开采期间未能及时恢复植被，且没有预留生态植被恢复资金，当矿山闭矿或关停之后，植被恢复资金和责任业主难以落实。有些是近年政府明令关停项目，有些是因为资源枯竭而停产，还有些是由于效益不佳而倒闭形成的废弃矿山，对于这些矿山，由政府部门明令关停项目可以由政府投资进行生态植被恢复，但是对于一些由于个体和民营企业的私挖滥采矿山以及无明确业主的废弃矿山造成的植被破坏，尤其是严重的生态环境破坏，其既得利益者往往逃避承担破坏区域的生态恢复责任。这些问题造成权责不清、生态恢复责任业主不明，生态植被恢复难以实施。

3.理念技术方面的问题

(1)相关理论基础薄弱　相关研究的薄弱环节主要是法律法规的制定与落实、新科学技术的改革与研究等。据统计，中国目前尚未修复治理的矿山数量较多，这与中国矿山的数量多、分布广、治理晚有关。中国矿山生态修复的目标先后经历了三个阶段，第一个阶段主要是解决土壤污染并增加可用的耕地面积；第二个阶段主要是以植被恢复为主，未考虑环境体系的恢复问题；第三个阶段主要是植被一微生物联合修复，并以环境体系重构，恢复当地景观效果为主。

(2)技术形式单一、技术措施薄弱　技术模式的可行性差是目前矿山生态修复的另一个重要问题，实验室成果无法转化，施工单位技术力量薄弱，缺乏高水平科学管理等都是目前存在的问题。矿山进行生态恢复时，应采取“一矿一案”的修复方案，因为立地条件的差异较大，污染源和污染程度的差异较大，生物和气候等多因素的差异较大，从而导致现有矿山生态修复的效果不佳，不能达到环境修复的目标。

在进行废弃矿山的生态恢复时，不需要一味追求技术新颖；有时可以采用一些传统简单的技术形式就能实现生态恢复，却采用一些从国外引进的技术措施，使得技术模式的经济可行性差，难以推广实施。

(3)植被、微生物的选择和组合不合理　矿山生态修复时选用的植被应多以乡土植物为主，而目前大量的修复工程设计多片面引进外来植物，导致植物无法适应当地的立地条件，植物和微生物的组合更是无法持续稳定生长，生态恢复工程经过3～5年后多以失败告终。另外，也因为没有科学地对植物种子进行混配，导致了植物种群无法进行合理演替，或者目标种群无法及时形成。选择的植物类型的抗瘠薄、耐旱性和抗逆性弱，如果没有人工保护，植物会逐渐衰退。

(4)缺乏专业设计和施工队伍　废弃矿山环境修复是一种复合的、跨部门的技术，也是融合了环境、资源、植物、环境工程等领域多种科学技术于一身的复合技术系统。目前，中国还缺乏高水平专业规划设计团队。此外，近几年有许多从土建施工、园林绿化施工转到实施矿山生态恢复工程，从设计到施工均不是专业技术人员，甚至有些当地政府认为矿山生态修复工程就是栽树和种草。专业人员和知识的匮乏造成矿山修复项目多以失败告终。

(5)政策的完善和环保意识提升问题　激励与约束机制不健全，导致矿山企业、专业执法等单位及其周围民众对采矿开发带来的生态损害问题没有足够的关注力度。在矿山开发与利用过程中，有些当地政府还没有意识到自然资源可持续使用与自然资源保护的重大意义，也没有积极主动地采取措施，保护和发展资源循环经济，政策的完善和环保意识尚需提高。

2 矿山公园及内蒙古自治区矿山公园的概况

2.1 矿山公园的概况

“矿山公园”概念于2004年在中国第一次被正式提出，是用来展示矿业遗迹和矿业活动发展历程的专类公园。矿山公园主要功能包括科学研究、科普、游览、传承历史文化、生态修复等，是一个既要改善矿区人居环境又要为居民提供公共空间的场所。矿山公园的设计和建设前提是必须满足安全标准，矿业活动区域要通过地质勘查、安全评价等后才能建设矿山公园。

矿山公园在矿业活动中体现文化内涵，整合人文、自然景观并展示传承采矿遗迹，同时也提供科普、研究的场所。矿业遗迹经过生态修复并且结合人类活动空间设计形成的新公园形式，是现阶段解决当地生态问题，改善人居环境的有效途径，其可以通过矿业历史文化传承、园林景观展示、寓教于乐、空间增加等多角度最大化实现矿山的功能。保护和可持续发展是矿山公园对矿业遗址资源合理再利用的延续，对于当地生态文明建设，促进资源枯竭型城市的产业结构转型和社会可持续发展有着重大的意义。此外，矿山公园也是中国矿业工程发展的历史见证者，承载着科学研究和科普教育的重担。2000年以后，中国陆续加快了矿山公园建设的批复数量，2005年筛选出28个国家级矿山公园作为示范，目前经过4批审核共通过了88个国家级矿山公园的申报。

1. 矿山公园的概念与形成

矿山在矿业活动中会产生大量的“三废”，也伴随着多种生态威胁如山体滑坡、地面塌陷、产生扬尘、土壤污染、地下水污染等。矿山公园是为了改善这一问题而孕育出的一个解决办法。中国对矿山公园的认识和了解相对较晚，设计理念、修复方法、建设标准等还在不断探索。矿山公园和城市综合公园有很多不同之处，矿山公园不是简单的复垦或复绿，它是以主题公园的建设形式来建设，并通过合理的规划建设方案使得景观设计富有自己的特色和文化。

在矿山公园建设之初要对矿区的历史、人文、文化、工业等资源进行深度挖掘并整合，在设计中明确建设主体并融入相关的元素。矿山公园的治理本质上是一种景观思维与植物修复相结合的矿山环境治理措施，要充分利用矿山现有的地形、水体、植被、工业设施等资源，并利用园林学、景观生态学、土壤学等对空间、场地和修复技术进行规划或设计，最终形成以矿山遗迹展示、休闲娱乐、观赏、教育科普、锻炼健身、生态修复、污染防治、改善人居环境为目的，以资源再利用和城市可持续发展为基础的城市载体。矿山公园景观建设既要实现可持续发展战略目标，也要确保矿山公园植被恢复，以及科普教育、游玩观赏、科学研究等正常运转，这会面临很多的限制与挑战。

2. 矿山公园在生态修复中的地位、作用和任务

2000 年后，中国在绿色矿山建设中明确强调，将之前的“先开采，后修复”改为“边开采，边修复”；2005 年 8 月 15 日之后，全国各矿山的生态修复理念又转为“两山”理念，将实现绿水青山作为矿山治理的首要任务。矿山的治理也逐渐标准化、科学化、城市化，矿山公园的设计和建设也纳入城市绿地系统或乡村振兴的总体布局中，其为城市绿地系统的完善和可持续发展提供了基础和潜力。

矿山公园的建设是对矿业遗迹的有效保护，体现着人类矿业文明。此外，矿区的生态环境和休闲娱乐环境也得到了改善，对资源枯竭型城市的可持续发展具有很大的参考价值。

2.1.1 矿山公园的现状和发展

1. 国外的矿山公园发展现状和动态

在各类型矿产资源的开采历史和发展过程中，英、美、澳等国对矿区生态环境的修复改造远远早于中国。

英国是最早开始建设矿山公园的国家之一，1945 年由当地政府资助建设的矿山伊甸园采用矿坑、地形和花卉的设计，保留了工业土地上艺术品的特色，造就了难以估量的艺术价值，让大众首次对矿山公园有了新的认知。而德国在 1980 年之后，建设了一大批以生态修复为目的的矿山公园，例如闻名世界的埃姆舍矿山公园、北杜伊斯堡矿山景观公园等。

国外刚开始是对废弃矿区进行复垦，直到 20 世纪 70 年代，国外对矿山公园建设才进入了高速发展的时期，大部分学者都在关注各个场所自然环境的生态性，这时期，设计师们多数以利用既有废料搭配植物的方法构建景观节点。为了鼓励人们重新接受矿山所在的城市或地区，政府大力恢复自然生态环境，许多学者提出矿山公园的建设应在保留矿业遗迹和景观的同时，完成生态修复的目标，因此各国先

后对矿山公园的建设制定了相关的法律法规和修复标准。从矿山复绿到生态修复再到矿山公园，矿山公园的出现既改善了人居环境，又增加了休闲娱乐的城市空间，并且逐步开始了以矿山历史、文化和科普为主题的设计思潮。

从20世纪90年代开始，矿山公园设计的方法趋于成熟，这个时期主要对废弃矿区进行建设。设计师们以矿产遗迹、历史文化的保护和再利用作为设计主题，工业遗迹旅游成为矿山公园发展的重要推动力。矿业文明的传承和延续，成为这一时期众多理念中的佼佼者。以德国最具有代表性之一的卡尔·亚历山大矿山公园为例，公园内举办了一大批高水平专业矿山公园设计团队参加的设计竞赛，也因此涌现出一大批优秀专业设计人员，为以后世界各国矿山公园的建设打下了坚实的理论基础。

21世纪以来，各国对矿山公园的设计和建设呈现出多元化、多功能化、多目的化、多模式化的趋势，这个时期设计形式更自由，思路更开阔，并逐渐形成了不同的设计流派，如日本的明石海峡矿山公园，曾被誉为花朵和海洋围绕的矿山仙境，还兼顾了休憩娱乐、办公等功能。

对国外矿山公园设计和建设发展的演变调查可以发现，矿山的景观设计类型逐步变得灵活、多元，即从最初简单的植被复绿到设计主题的突出，再到发展旅游的功能。虽然矿山公园的建设理念在不断地演变，但将生态修复作为核心的目标从未改变。

2.中国的矿山公园发展现状和动态

中国最早的矿山环境治理是20世纪民国时期的浙江省绍兴东湖废弃矿山的复垦治理。1980年以来，中国矿山修复工作开始受到重视。2000年以来，党中央提出的"生态优先为人民、创建满意的生活环境"理念成为矿山公园快速发展的契机。2000—2005年，一大批学者、专业技术人员，开始了对中国不同类型和形式矿山的研究、设计和建设摸索，为绿色矿山和矿山公园建设的理论基础和科学方法打下了坚实的基础。中国工业化具有开始晚、发展快的特点，这导致矿山公园建设初期出现理论不扎实、方法不科学、管理混乱等问题，但在2005年以后，各省（自治区、直辖市）在深入学习"两山理论、长汀精神"后，开始科学化地进行矿山公园的设计建设，形成"一矿一案"的思路，不再盲目复制粘贴，从而解决了矿山修复目标不明确、修复效应无法量化、修复效果不理想的问题。

从矿山生态修复转变为矿山生态环境恢复的综合治理，从"修复"到"恢复"的一字变更；从人工修复到人工修复后自然再继续自我达到更新恢复的能力，从而完成自然环境的良性循环，体现了科学技术的发展和生态修复技术的进步。目前，大量的矿山公园成为人们旅游、郊游的目的地，一些主题活动引来周边城市人群的游览参与。例如,唐山南湖矿山公园建成后,既为当地居民提供了休闲游憩的公共空间,又改善了当地人居环境。矿山公园通常位于城市周边且面积较大,应结合当地旅游资源、历史文化等融合乡村振兴建设,设计打造成城市生态的屏障、旅游度假的目的地、乡村振兴的贡献点,达到生态效益、经济效益、社会效益一体的城市亮点。

为推进矿山公园建设的速度,积极改善人民生活水平,中国于2000年颁布了《关于申报国家矿山公园的通知》,对矿山公园建设中的遗迹保护和科学研究作出明确指示。2004年,原国土资源部发布了《关于申报国家矿山公园的通知》,其中明确了国家级矿山公园的建设指标,包括工业保护、废物利用、规划建设、游览、生态修复、环境治理、经济核算等方面,并根据上述指标进行科学打分,评价国家矿山公园的建设可行性。2005年,原国土资源部组建成立了中国矿山公园评审小组,并对首批申报国家级矿山公园的28个项目进行评价打分,共评出包括北京平谷黄松峪国家级矿山公园、湖北黄石国家级矿山公园等项目。2006年,原国土资源部重新修订了《关于加强国家矿山公园建设的通知》。2010年,自然资源部组织评审了第二批申报国家级矿山公园的项目,本次共33个矿山公园成功获批"国家级矿山公园"称号。迄今为止,共评审四批国家级矿山公园,分布在27个省、自治区、直辖市的88个项目获批。表2-1为矿山公园、棕地公园代表简况表。

2.1.2 矿山公园的生态效益

矿山生态修复与公园建设有机结合,是将修复后的矿山变成生态产品的方法,可以成为乡村振兴、拉动当地经济的金山银山。在"两山"理论实践中,渝北依托铜锣山矿山生态修复阶段性成果,规划建设铜锣山矿山公园,按照"矿山公园建设与矿山环境恢复治理、矿业遗迹保护紧密结合"的总体要求,以矿迹保护、生态修复为本,以奇幻景观为亮点,以沉浸式矿山旅游体验为特色,打造为集生态修复、科普教育、文化康养、休闲度假为一体的5A级国家旅游景区。这得益于矿坑生态修复和矿山公园的建设,不仅周边的生态环境得到有效恢复,村民的收入也水涨船高。对于较大的矿区来说,植物修复的成本最低,而且其本身具有吸收和转化污染物的能力,能够通过自身的生态化学反应来去除污染物,提升生态环境的自我修复能力。各矿区结合所在区域的地形与地貌以及气候特征,种植以及合理配置适应能力较强的景观植物,形成不同景观层次,实现可持续发展。

表 2-1　矿山公园、棕地公园代表简况表

时间	国外矿山公园
1945 年	英国矿山伊甸园
1980 年	德国埃姆舍矿山公园、北杜伊斯堡矿山景观公园
1931 年	加拿大石灰石布查特花园
20 世纪 60 年代	澳大利亚墨尔本巴拉腊特矿山公园；美国托诺帕历史矿业公园
1970—1980 年	罗马尼亚盐矿主题公园；南非黄金矿山公园
1990 年	美国 Anaconda 铜矿 Old Works 高尔夫球场公园
1992 年	罗马尼亚盐矿主题公园
20 世纪 90 年代至今	澳大利亚中央戴博拉金矿公园；法国戴斯内砂石公园；日本栅原铉铁矿公园；澳大利亚索弗仑金山公园
时间	**棕地公园**
1863—1867 年	法国石灰石场比特绍蒙公园
1938—1975 年	美国青石场奥普斯 40 雕塑公园
1972 年	美国西雅图煤气厂公园
1983 年	日本夕张煤炭历史村
1991 年	美国加利福尼亚绿景园
20 世纪 90 年代	广州岐江棕地公园
2018—2019 年	北京首钢公园；长春水文化生态园
时间	**中国矿山公园**
2004 年	定义矿山公园概念
2005 年 9 月	首批国家级矿山公园 28 个
2012 年	第二批国家级矿山公园 33 个
2022 年	各省市积极申报第三批国家级矿山公园
	其中：北京市 4 个(2 个开园)；河北 4 个(1 个开园)；山西 2 个(1 个开园)；内蒙古 4 个(2 个开园)；辽宁 1 个(开园)；吉林 3 个(1 个开园)；黑龙江 6 个(3 个开园)；江苏 2 个(1 个开园)；浙江 3 个(1 个开园)；安徽 3 个(1 个开园)；福建 2 个(1 个开园)；江西 4 个(1 个开园)；山东 4 个；河南 3 个(1 个开园)；湖北 3 个(1 个开园)；湖南 3 个(1 个开园)；广东 6 个(2 个开园)；广西 2 个；重庆 1 个；四川 1 个(开园)；云南 1 个；陕西 1 个；甘肃 2 个；青海 2 个；宁夏 1 个；新疆 1 个。

近20年来，污染治理→生态修复→环境修复→生态环境恢复→“绿水青山就是金山银山”生态理念的演变深入人心，各级人民政府在国土空间规划的大背景下实现矿山公园环境整治的生态效益。实现矿山公园的生态效益首先要在整体上构建矿山生态系统的完整性，其次对破坏严重的区域要进行复合问题分析、综合修复，第三应推行人工修复到自然循环的自然保护理论，重视自然规律和尊重自然的调剂能力。对于未废弃的矿山，还需要重视矿业活动对修复工作的扰动影响。

2.1.3 矿山公园建设存在的问题及解决对策

(1)中国在矿山公园的研究、设计和建设方面仍然处于初期阶段，矿业遗迹分布面广、种类多样且富有特色，具有非常大的科学研究价值，但目前面临着一系列政策方面的问题，例如，保护与开发矿业遗迹的法律政策不完善，同时对矿业遗迹的基本情况了解不够深入、相关资料介绍不足，导致投资和保障方面的问题成为建设过程中最主要的障碍。此外，大多数矿山公园建设资金不够充足，对矿业遗产的保护与开发也受到一定的影响。为了追求经济快速发展而大量开发，环境遭到严重破坏，且矿业遗迹开发水平低，对其没有合理开发和高效保护。

针对这些问题，国家需尽快在全国开展详细、全面的调查，进行科学、合理的规划，使矿业遗迹得到迅速、有效的保护。同时，还要扩大宣传范围，使矿业遗产保护的辨识度增高，增强群众对其开发和保护意识。保护与生态建设相互依存，才能够有效开展科学开发建设工作。加强科学研究和生态效益建设是可持续发展的正确道路。

(2)矿山公园发展旅游的核心是以人为本，把游客的体验感和真实感受放在首位，为游客营造出人与自然融合的意境。矿区景观的维护依靠目前的技术手段和管理方法是远远不够的，还需要建立新的制度来规范和完善；发展如何保持可持续性，这需要在开发前的决策阶段就提出科学、合理的评估方案并进行评价，制定完善的政策法规、标准、科学规划，以及监管体系等。

2.2 内蒙古矿山公园的概况

在北疆生态屏障的建设中，由于内蒙古自治区地理位置不仅关系着自身的生态环境，而且影响着东北、华北、西北等地，所以开展重点区域、重点行业的生态文明建设，加强整体环境保护，营造出新时代背景下内蒙古独特的生态文明建设体系，成为全区生态文明建设的重要战略。摸清家底、弄清污染源头是目前内蒙古矿山生态修复的主要工作，对已经废弃的和正在开采的矿山要尽早采取全面的生态修复工作。不同的矿区条件需要进一步科学评估，对于生态建设条件较好的区域开展矿山公园的规划与设计并向当地政府进行建议报审。内蒙古矿区的生态问题呈现出错综复杂的特点，污染含量的空间分布、采矿对土壤和植被的影响、土质和水文、气象等差异均很大，此外还包括微气候、AQI 指数等问题。相比较南方的矿山，内蒙古地处祖国正北方，温度低、风沙大、降水少，这又从另一方面对植被修复过程中的成活率提出了要求。矿山的生态修复以及矿山公园的建设是协调统一的关系，目前内蒙古已经建立了完善的矿山公园评价体系、建设标准、设计思路、科学方法，拥有了一大批专业技术人才。自治区政府积极促进多学科交叉、产学研用结合的科研模式，涌现出一大批示范性矿山公园和生态修复技术，为全区乃至全国的矿山公园建设提供了研究基础、案例示范，真正意义上践行了“两山”理论，同时改善了当地人居环境，延续了资源型城市的发展。

2.3.1 内蒙古矿山公园的现状

2012 年内蒙古自治区成立“内蒙古地质学会暨矿山公园与地质遗迹专家工作委员会”，进一步推动了内蒙古矿山公园的建设、地质遗迹的保护和再利用，促进了区内相关学科学者之间的学术交流。自治区各级政府高度重视矿山公园的申报和开发建设工作，全区共建立 2 处世界级矿山公园、6 处国家级矿山公园、9 处自治区(省)级矿山公园和市县(旗)级矿山公园，矿山公园面积合计约 522420 km^2。其中 2 处世界级矿山公园分别是阿拉善沙漠世界级矿山公园和克什克腾世界级矿山公园；6 处国家级矿山公园分别是赤峰的巴林石国家级矿山公园(石矿类)、满洲里市的扎赉诺尔国家级矿山公园(煤矿类)、呼伦贝尔的额尔古纳国家级矿山公园(金矿类)、赤峰的林西大井国家级矿山公园(铜矿类)、包头的白云鄂博矿山公园(稀土矿类)、鄂尔多斯的内蒙古准格尔矿山公园(煤矿类)；9 处自治区(省)级矿山公园分别是巴彦淖尔矿山公园、二连浩特矿山公园、宁城矿山公园、阿尔山国家公园、四子王旗矿山公园、鄂尔多斯矿山公园、清水河老牛湾矿山公园、通辽的大青沟矿山公园、巴林左旗的七锅山矿山公园；2 处市县级矿山公园分别是锡林郭勒的草原火山矿山公园、翁牛特旗矿山公园。通过对内蒙古矿山公园的分级管理，逐渐形成了多个建设标准，矿山公园的建设和研究也日趋完善。

2.3.2 内蒙古矿山公园的发展动态

2014 年习近平总书记提出“筑牢祖国北方重要的生态安全屏障”。生态屏障的建设对于内蒙古的矿山生态修复提出了新的要求，需要加强局部和重点区域的生态污染治理和生态环境修复，改善当地人居生态环境，并结合国土空间背景，将矿山公园的建设和北疆生态屏障融入国土空间规划中，以点及面，点面全修，以生态优先的建设思路建设生态安全屏障。矿山公园的建设是内蒙古完成生态屏障建设的重要途径，其既能达到生态环境修复的目的，同时还提供了户外公共开放绿色空间，促进资源型城市的可持续发展和产业结构转型。矿山公园还可以通过发展旅游产业来获得经济效益。内蒙古的矿山公园在现阶段应用的修复技术种类较多，不同的矿山采用不同的修复技术，例如植生毯修复技术，采用稻草、麦秸、天然杂草等原料组合成的多用途物“纤维毯”被广泛使用，成为一种物美价廉且具有土壤保湿、防风固沙功能的绿色环保产品。它可以进行绿色植物种子苗保育栽培，没有二次污染。这种修复技术与传统修复技术相比节省了大量的费用，并大大提高了成活率。

2000 年 5 月内蒙古自治区正式建立了旗级矿山公园；2001 年自治区批准建立赤峰市市级矿山公园；经自治区国土资源厅批准建立了自治区级矿山公园；经原国土资源部批准，建立了国家地质矿山公园。

1990 年，时任中共中央总书记江泽民同志参观全国最大的露天煤矿——内蒙古准格尔露天煤田，并为其题词。在党中央和自治区各级政府的大力关怀和支持下，1999 年该矿被评为“全国生态环境修复示范区”。2017 年内蒙古准格尔露天煤田逐级申报并通过审批成为我国第三批国家级矿山公园。

2002 年克什克腾国家地质矿山公园揭碑开园，并于 2005 年被联合国教科文组织批准为世界矿山公园，2009 年通过联合国教科文组织对克什克腾世界地质矿山公园的第一次评估，2013 年通过联合国教科文组织对克什克腾世界地质矿山公园的第二次评估。

自治区额尔古纳国家级矿山公园位于内蒙古自治区呼伦贝尔市西北部的额尔古纳市俄罗斯民族乡。2010 年 5 月由原国土资源部批准为我国第二批国家级矿山公园。随后于 2012 年，内蒙古自治区拉开了青山前坡综合治理的序幕。

随着“绿水青山就是金山银山”生态文明理念的兴起，各级党委、政府和相关部门，树立绿色发展理念，为大青山山坡综合治理提供了技术支持、政策扶持和资金保障。自治区大青山自然保护区在 2008 年经国务院批准晋升为国家级自然保护区，因此开采活动对其造成的生态影响受到了社会的重视。“内蒙古地质学会暨矿山公园与地质专家工作委员会”于 2012 年成立，为进一步推动全区的矿山公园建设搭建起学科交流和人才库平台。

2.3.3 内蒙古矿山公园的可持续性

内蒙古自治区的横跨距离最长约 2400 km，国内接邻八省（自治区、直辖市），与俄罗斯、蒙古国的国境线长度约 4221 km，因此，其所处的地理位置，在生态战略方面有着重要使命。在我国“两屏三带”的生态环境屏障建设中，内蒙古是“森林带”和“防沙带”的主角，是中国北方的“林网”和“沙网”，是中国北方水源地面积最大、种类最丰富的地区。内蒙古矿山分散，数量众多，拥有大量的稀土、重金属、有色金属、煤矿等，资源量达 8518.80 亿 t，保有资源储量 4110.65 亿 t，均居全国第一。经过不断开发，部分矿山因资源枯竭慢慢被废弃，开始形成矿业废弃地，引发了众多生态问题。

内蒙古矿山公园的研究、设计与建设，会带动我国生态学、景观生态学、风景园林学、土壤学、矿业工程学等学科的发展，促进学者们对矿业遗迹的研究活动，也会大力推动对内蒙古的经济建设、旅游规划等学科的研究。在矿山公园的建设和发展中，需要各个学科相互交叉、相互配合，进行不同领域的研究活动。由于中国矿山资源枯竭危机的不断涌现，城市生态环境没有得到合理地保护，甚至造成了更加严重的破坏，因此建设矿山公园可以改善人居环境、有效保护矿山历史和文化遗迹，也可以通过矿山生态修复来推动内蒙古生态文明的建设。内蒙古矿山公园的大量建设，可以充分保护矿业遗迹，大力宣传和普及知识，使游人感受自然景观之美。

在促进经济发展方面，矿山公园的建立减轻了由于资源衰竭所产生的潜在经济危机，不仅对当地的矿产遗迹起到了保护作用，而且能够实现资源的综合利用和优势重组，促进经济发展，带动周边地区相关产业的发展，加速城市经济转型。

2.3.4 内蒙古矿山公园的文化特色

内蒙古的矿山公园在景观设计中突出各地区的地域特色，遵循自然规律，对不同种类的矿山和不同历史时期的矿山采用不同的设计研究模式，例如矿山或矿业活动中涌现的一些具有特殊意义的人或事件，再或者典型的地形地貌等，依据某些元素，凝练出设计研究的主题和内容，提炼出具有本土特点的景观形式，表现内蒙古多样的文化主题。内蒙古所具有的浓厚地域和民族文化，如草原、游牧、敖包、勒勒车、哈达、马头琴等，在矿山公园中被以文化或历史作为符号元素设计为景观节点，将会提高矿山公园的地域文化特点和辨识度。

内蒙古白云鄂博矿山公园位于全世界最大的多金属露天矿白云鄂博主矿的西南侧，矿山公园一期占地面积 470000 m^2，二期占地面积 150000 m^2，完成了主矿坑东南侧 705 亩的废弃采坑的生态修复。矿山公园一期项目以健康和文化为主题设计，主要突出运动健身和草原中的矿山文化，彰显内蒙古地域特色。白云鄂博又被誉为“富饶的神山”，曾经是游牧的重要驻地之一，因此在这里聚集并举办过诸如

“祭敖包”和“那达慕”的重大活动，所以在设计过程中，利用这一特点，将敖包、草原的元素提取出来，在公园的主入口处设计了敖包广场，在敖包的北侧设计草坪和勒勒车等小品，将提炼出的元素以一种润物细无声的形式渗透在设计的细节中，融入生态修复中，展示出矿山、草原、生态修复的设计理念和目的。

扎赉诺尔煤矿始建于1902年，拥有丰富的历史资源，是一个具有悠久工业文化底蕴的矿山，内蒙古自治区呼伦贝尔市政府将扎赉诺尔矿山建设成为国家级矿山公园，该公园距市中心距离约24 km，位于呼伦贝尔大草原中心腹地。

扎赉诺尔国家级矿山公园作为国家级矿山公园的示范点，目前在生态效益、社会效益、经济效益等方面均取得了良好的成绩。在该矿山公园设计研究中，既突出了煤矿采后修复的生态设计方案，又结合当地猛犸象这一历史元素展示文化价值。设计的不同主题空间服务于“游、看、学、研、玩”一体化，通过猛犸象头骨化石和煤矿历史遗迹的融合，提高了游客的参与性和共情性。此外，扎赉诺尔国家级矿山公园的景观营造中选用适于呼伦贝尔寒冷的乡土植物，对植物如何吸附土壤中的污染物和植物群落的构建进行了研究设计，在表达自然景观的同时还要突出生态修复的主题和效果展示。一个成功的矿山公园要有吸引游客进入的特点，因此矿山公园在设计功能上要营造出适应主要客群需求的不同功能区域和节点景观，在此之外设计还应通过矿山公园的游览，宣传和展示文化。

准格尔国家级矿山公园位于鄂尔多斯市准格尔旗的黑岱沟矿区和哈尔乌素露天矿矿区，是2017年通过的全国第三批国家级矿山公园。矿山公园以两个矿区的排土场为基地，进行生态修复和景观规划研究设计，主要解决露天煤矿开采后排土场煤矸石的堆放、自燃和覆土温度过高等问题。矿山公园的面积为16.91 km^2，植物种植面临缺水、土温过高、边坡稳定性差、扬尘等问题，景观设计中主要考虑园区面积过大的南北区域间通过性和可达性，故利用大型采矿设备和运输车辆作为特色小品，将生态休闲游作为规划景观轴线进行过渡。

在矿山公园设计中设置了许多涵盖工业文化、煤炭文化、企业文化的节点，充分展现了矿山文化，在同级别的国家级矿山公园中具有占地面积大、小品体量大的特点。为了在设计过程中突出大尺度地块的优势，对功能分区和园区内的产业一体化合理规划是最大的难点。在规划与设计研究中，对生态修复进行了三大类的设计，第一类是覆土的排土场采用乡土园林植物，保证植物成活和修复土壤污染；第二类是办公区和平地区域采用园林植物景观设计，在满足土壤污染治理、降尘的同时还满足观赏等目的；第三类是设计了采摘园、生态农场等区域，在复垦复绿的同时还增加了游客参与体验感。对景观节点进行了三大类的设计，第一是充分利用矿山的历史和文化资源，以名人名言、历史文化设计作为公园景观特色节点；第二是发掘矿山遗迹，用淘汰的大型设备和运输车辆、矿石和地质结构打造特色的工业景观节点；第三类是深度挖掘增强归属感的素材，给游客和当地人民留下深刻的回忆。此外，对于大面积的矿山公园游览功能要结合旅游业做好客群分析，保证一日游和二日游的游玩区别性和游、住、吃、行一体化的弹性设计。

2.3.5 内蒙古矿山公园中存在的问题及解决对策

中国仍处于发展中国家阶段，目前无法将矿山公园彻底公益化，包括其建设、运行管理等阶段。内蒙古矿山公园通常采用国有资金＋民间资金＋企业资金联合支持下开展建设和运行管理。由于矿山公园具有面积大、位置偏、投资大等特点，在建设期和运行期的可行性研究报告以及对其全生命期的可行性评价要求非常高，须对投资的必要性、生态修复的可行性、财务资金的可行性、建设的可行性、旅游产品开发的经济可行性、社会可行性、风险因素及预案、宣传推广等方面进行论证和评价。

严重的环境威胁和场地污染问题需要进行系统的生态修复工程。矿业活动中产生的废料、废土石、废水等堆积形成了多种类型的污染区域，例如排土场堆积的废石废土、选矿排出的废水、煤矿堆叠的煤矸石等，导致现有存活的植被非常稀少，也对后期人工种植造成了极大的困难。内蒙古地处中国北方，天气寒冷、多风少雨、昼夜和冬夏的温差大，结合矿山边坡的不稳定性和土地塌方等问题，适于生存的树种非常有限，同时水资源短缺也导致植被生长困难。综上所述，内蒙古矿山公园建设受到植物生长及生态修复等因素限制。

内蒙古煤矿数量较多，中国五大露天煤矿内蒙古独占四个，整体呈现出“东部林业、西部矿业、南部农业、北部牧业”的分布特征。虽然西部矿业较为集中，但内蒙古的矿山在其余各地均有分布。煤矿作为数量最多的矿山类别，经常出现自燃现象，不但对资源造成浪费，还产生大量的有害气体，使生态环境系统受到破坏。露天煤矿和井工煤矿的开采方式不同所导致的生态环境问题也不一样。井工煤矿对环境的影响较小，主要对地质危害较大；而露天煤矿对生态环境和地质危害均较大，但开采成本较低。通过科学合理的研究设计，规划地形和生态修复区域，进行“一矿一案”“一亩一策”“一米一法”的精准化修复研究设计。一座矿山的土壤污染分布和植被的分布均有较大差异，要细化到一亩地一个设计研究，对矿山边坡、植被、土壤、空气、地下水等区域的问题进行综合治理和修复，对边坡采用台地式景观、分层修复。通过园林植物＋微生物＋菌根＋动物的组合，结合土壤改良肥料、动物粪便改善土壤成分，促进植被成活。植被种植要因地制宜、适地适树，采用乡土植物结合修复技术（边坡喷播、植生毯、菌根环保盆等新技术），不仅可有效提高植物存活率和生长率，还可以修复土壤污染，改善土壤结构和养分条件；再通过微生物降解分化土壤中的污染物，为园林植物提供天然养料。

内蒙古虽然拥有独特的旅游资源，但是旅游产业体系并不完善，考虑营造生态采摘、农牧业观光、沙地森林游览等特色旅游业并不容易；全区地广人稀、路途分散较远，游览目的地比较匮乏；夏季和秋季时间较短，旅游旺季通常为6—9月共4个月，另外的8个月基本没有游客和旅游需求，这导致管理水平低下，旅游投资和收入不成正比；旅游周边产品开发动力不足，品牌投入不够，养护运行成本过高，矿山公园景点的投入较少，因此陷入了恶性循环中，最终只能依靠国家或企业资金帮扶，勉强维持植物成活，失去了矿山公园的游览功能。

矿山公园规划和设计中，要以政策背景和专家意见为主，减少管理者和矿山企业的思想介入，不以金钱为导向，要用科学的手段进行矿山公园的设计研究。设计首先以生态优先原则，以生态学为基础，把矿山公园作为一个完整的生态系统来看待，以生态、可持续、文明为目标，采用科学的生态修复技术手段，切忌急功近利。在设计研究过程中，要遵循可持续发展的原则，以造福子孙后代为时间轴，对场地内的地形、功能分区、园林植物、园林建筑小品和园林水电要有长远的设计思想。矿山公园的发展必须追求共同发展路径，相互促进，以提高内蒙古自治区知名度为基础，打造内蒙古特色旅游品牌，充分利用文化资源，打造中国草原文化旅游产业。对于矿业废弃地景观的建设不能只是区域性的，需要形成整体治理的制度，因为法律法规会有效约束、管制人类的各项行为活动，所以只有法律体系健全的条件，才能确保各项工作可以顺利开展。

就内蒙古矿山公园的建设而言，首先需要国家的政策和法律法规支持，树立关于世界级、国家级、省部级、地市级、县市级矿山公园的建设、评价、保护政策和标准，并对不同类别的矿山公园，例如露天煤矿、井工煤矿、金属矿、有色金属矿、稀土矿等设计提供指导性意见，这对矿山公园的建设工作和可持续发展具有重要的意义。矿山公园的建设资金和运行资金需要国家、社会、企业共同负责，建设阶段的资金投入目前较为成熟合理，由国家或各级政府牵头出资，由矿山企业提供环境治理资金，由社会资金提供最后一部分共同组成，而运行资金阶段却没有明确的方案，多由社会资金方进行运行并用矿山公园的收入弥补运行阶段投入，但往往无法满足运行投入，常常不能满足资金流量，最后或由矿山企业出资补贴，或由当地政府财政补贴。这体现出两大问题点：第一，矿山公园设计研究阶段对游客的需求掌握不准确，可行性研究报告中的经济可行性分析不准确；第二，矿山公园的管理体系不完善。针对这两个问题，各地政府和矿山企业也在积极探索。

2.3.6 内蒙古矿山公园建设目标和景观格局的评析

内蒙古全区的土壤分布种类繁多，矿山区域还存在土壤污染、土壤被侵占、缺少土壤等问题。因此，对于内蒙古矿山公园的建设而言，首要任务是提供可以满足植被生长的土壤环境，根据矿山的类别，对土壤成分和空间分布作出研究，再开展种植和生态修复。例如，内蒙古东部地区的矿山大多以黑土壤为主，该土壤具有较高的肥力，适于在矿山公园中设计一些农业采摘、园艺修复的特色植物产品。

矿山中的废弃地、矿区厂房和采矿设备还承载着人类工业文明历史。矿山公园景观再生设计中坚持以人为本的原则，提倡可持续发展，树立生态恢复、人文历史保护的规划理念。在内蒙古矿山公园的规划设计中将各个区域保护利用，通过宣传和传承，形成具有内蒙古地方独特人文元素的矿区博物馆，以内蒙古地区草原文化来带动发展，让游客了解内蒙古的历史，浏览中国工业的发展历程，同时给老一辈人营造一个回忆的港湾。矿区旅游主题在中国具有其特色性，内蒙古矿山公园既能丰富内蒙古自治区的旅游资源，又在一定程度上推动内蒙古自治区各个地区的旅游经济发展，使矿山"变废为宝"，发挥积极的经济作用。此外，内蒙古矿山公园的建设在解决当地生态环境污染和植物多样性方面具有重要意义，要因地制宜地对矿区进行选择性植物种植，在建设矿山景观的同时构建内蒙古生态旅游特色，打造生态旅游矿山公园。

3 矿山公园建设的基本理论

3.1 矿山公园生态学理论

矿山公园建设的基本理论包括生态修复学、生态恢复学、景观生态学、生态学和风景园林学等应用理论；此外，还涉及矿业工程学、植物学、土壤学、工程力学、物理和数学等基础理论。下面将矿山公园建设中景观恢复的生态学原理及景观重构进行论述。

3.1.1 景观生态学基础理论

生态学是探讨自然环境和生物体的相互作用联系和作用机制的学科。生态学是由联邦德国生理学家海克尔(Erst Haeckel)于1866年在《有机体一般形式学》一书中率先提出来的，1900年后生态学才被承认为生命科学中的一门单独学科。生物技术在发展历程中，已逐步形成了对自然环境中的热量、日照、空气、水分、无机盐等的一些理化性质要求。生物需要一定的空间、能量与物质，才能完成生存、活动、繁殖等行为，它们对物质、空间、能源，以及所能满足的物理化学环境条件的要求并不相同，而这些特征就被称之为物种生态的基本特征。

没有一个生物的存在是完全独立于大自然中的；同一个体之间，既有竞争关系又有互惠关系，动物、植物和微生物之间也存在复杂的联系。人类的行为干扰会给人类生命和自然环境产生极大的威胁，景观生态学可以调整人与自然、生态、资源之间的关系，同时在人类社会的经济发展与自然生态环境之间的关系中寻求平衡，为可持续发展作出贡献。

第一次工业革命至今，人类活动行为逐渐加剧，活动范围也不断扩大，人类与自然环境之间的矛盾也逐渐激烈。景观生态学所研究的领域也因此拓宽，范围除了生物学个体、族群及生物群落以外，还包括整个人类社会，逐渐演变为涵盖各种生态系统类型的复合体系。人们所遇到的有关资源、环境、人口的难题，也是景观生态学所关注的内容。

景观生态学发展历史：在20世纪50年代，景观生态学将生态与自然环境、生物与自然环境间的互作关系当作最主要的科学研究内容。根据其演变过程，可以将景观生态学的演变总结为3个发展阶段：萌发期、成长期以及成熟期。

（1）景观生态学的萌发期　公元14—16世纪，主要以古代农业学家、自然学家等对生命活动和自然环境之间联系的叙述为主，如亚里士多德等对动物生活环境的叙述、根据主要生境对动物种群的界定，以及恩佩多克勒斯等对植物营养和环境之间相互作用的研究等。

（2）景观生态学的成长期　公元15世纪—20世纪40年代，建立了基础定义、基础理论与科学研究工具。例如，博伊尔在1627—1691年间研究低温对生物生长的效果；巴佛恩等在1707—1788年间研究积温和生物发育过程的相互作用；德国的地质学家洪堡在1769—1859年根据天气与地理环境各种因素对生物影响程度分析，进而对生物生活规律性进行阐述；利尔博吉的营养最小定律、克莱门茨的顶极群落概念、坦斯利的生态系统学说、高斯的竞争与排斥理论，以及格里内尔、埃尔顿、哈钦森的生态位理论研究，以及1942年林德曼创立的1/10定律等。这一时期，可以说是自然环境形成、基础理论建立、自然环境修复、种群与群落恢复等从定性向定量的过渡期，是以生态实验方式研究景观生态学。

（3）景观生态学的成熟期　20世纪50年代被视为现代生态学的成熟阶段。在这一阶段，景观生态学不断地汲取有关学科研究，例如“自然、生物、生态、植物”等系统工程的研究成果，逐步地朝更精细方面进军，并建立了自身的理论。这一阶段景观生态学发展呈现出如下特征：一是大局观的显著进展，二是研究的多层次性越来越明确，三是景观生态学研究的国际化，四是景观生态学在基础理论、应用技术以及科研方法等各个方面的专业化发展。目前，景观生态学的研究发展正向着综合性、交叉领域的方向快速发展；研究目标从人工生态向自然生态转变。长久以来，景观学和生态学都是独立存在发展的两个学科，景观学的研究范围主要围绕地形、植物、建筑、水电构建的空间场地；生态学的研究范围大都聚焦植物群落、种群和环境、微生物等，主要侧重生态系统的整体性研究。然而在解决自然环境以上尺度的课题上，二者又明显乏力，因而急需从其他领域中汲取养分。也就是由于现代景观学和现代生态学各自的特殊性及其相互关系中的相似性，促成了这两个领域的融合，促进发展了现代景观生态学科。

3.1.2　景观生态学理论

1.景观生态学概念

景观生态学这一概念是由德国人提洛尔宇在1939年提出的。它以地球的全部自然景观为研究对象，利用物质流、意识流、利益流和信息化在星球的表面进行信息传递和互动，并利用生物、非生物和人之间的交互影响和变化，运用生态学系统的基本原理和方法，来研究地球自然景观构造、功能、动态变化，以及相互互动和影响的机制。同时，它也是研究自然景观的优化结构、美化格局、资源运用和环境保护问题的学科，是多学科相互交叉的新兴学科，其主要包括景观学和生态学。

景观生态学的主要研究对象是地球生态系统内不同的空间格局和生态行为。Risser 等将景观生态问题具体分为景观空间中异质化的发展过程与动态、异质化景观的历史演变及其相互影响、在空间差别性中生态与非生物过程之间的相互作用以及对空间差别性的管理。

景观生态学的研究进一步发展了对异质景观格局与进程的研究，包括对它在各种时间与空间尺度中作用的探讨，包括：在理论探索中分析景观和生态的边界和临界值；在各种景观指数和各种空间尺度下，生态建设工作过程的影间扩散效应；自然景观格局和生态结构之间的可预见性；层次构成的跨尺寸外延。受 1970 年奥地利化学家库恩的科学思想影响，科学技术的进展总在持续地以新的技术取代老的技术，新技术将提供新的理论体系、新的标准概念、新的产业结构、新的科学思想、新的管理模式等。景观生态学的创新之处体现在景观理论体系和空间尺度、空间的异质性、时间与空间相互作用、人与自然的直接或间接影响。1984 年纳维和利伯曼都认为，景观生态学是生态学与人、植物、动物、微生物等之间的桥梁或媒介。

通常认为，在整个自然等级体系中，自然景观是处于比整个自然生态体系更高一级的阶段。景观生态学以整个自然景观为重要研究对象，强调了空间异质化的保护和发展、与自然生态体系间的互动、大范围自然群体的维护和管理、对自然环境资源的有效运营与管理，以及人类对自然景观及其组成的作用等。在自然景观这个层面上，环境生态科学研究也能够进行必要的综述。作为一个学科，景观生态学是于 20 世纪 60 年代初在欧美产生的。早期，欧美传统的景观生态学理论研究重点是对区域地理与植物科学的综述。而土地利用计划与决策也一直是美国景观生态学的重要研究内容。但景观生态学直到 20 世纪 80 年代初才在美国受到广泛重视，并很快就发展成一个非常有生气的学科。景观生态学为生态建设学发展提供全新的理论思路和全新的科学研究方式，并已经成为当今美国生态建设学的重要前沿课程之一。

2. 景观生态学的景观形式

景观生态学的主要景观形式通常分为三个方面。

(1)从城市景观形式来理解　景观生态学主要运用在现代景观建筑中。虽然建筑学不仅仅包含景观生态学，但因为其包含大量艺术元素，所以它仍然是现代建筑的重要景观形式。

(2)从个体的属性特征来认识景观生态学　在地形学、地质学、土壤与肥料学和植物生物科学领域中,景观生态原理常用来描绘土地个体特征和地表形态的构造格局,而这种特征也成为上述领域的重要目标,包括岩性、地表形态(土壤地貌)、土地个体、植株群体等。而地貌形态景观、土壤地形风光、大地景观和植物群落也常被用于描绘空间。

(3)将景观生态学视为一个复杂的生态系统　它是包含土壤、园林建筑、园林植物和园林水电的空间场地的融合。这些论点都指出,自然景观是由地球表层自然、生物以及微生物、人类智慧等各种因素的综合作用下形成的一个完整生态系统。自然景观这一自然生态系统不同于一般生态系统,它具有不同的自然边界。一般生态系统是指生物与自然环境,以及生态中各种群间长期互动而产生的整体,注重生产者、消费者与自然环境之间相互作用的动态变化关系研究。而地球景观生态系统则是由地表的各种天然要素,相互之间以及其与人相互影响、制约而形成的统一整体,其重点研究自然要素、社会要素、经济要素的互动关系,植被、大气、水体、岩石、动物以及人体内部的物质转化与能量变化及其景观的优化利用与环境保护。

自然景观和景观生态学涉及的空间边界不同,研究的范畴、内容差异较大,一个以生态体为核心,研究人类生态和自然环境之间的相互关系,一个则研究各自然要素与使用环境空间之间的综合影响。自然景观这一大类一直保持着对人类的整体观念,并重视人-地关系在其间的重要地位,把人类活动视为自然景观的一种基本要素,对所有基本要素都进行综合分类,以便于研究各要素之间的相互作用、制约、联系,去掉了分类层面上的片面性和孤立性。同样,景观生态学也运用环境学的观念、方式来探讨自然景观这一对象,并使其在整体综合性分析方法基石上探究自然景观的变化、环境作用之间的事物轮回与能量转换,及其环境系统的演替过程。

景观生态学不但要深入研究自然景观生态系统及其自身出现、发展与演变过程的规律性特点,同时还要探索合理运用、维护与管理自然景观资源的有效途径和对策。目前,应当按照大系统整合优势、小循环再造和区域分异发展的原则,有效科学地合理利用土地资源、持续提升社会生产力水平、环境保护和建设良好生态环境,提出科学理论方案和依据;并探索处理经济发展与环境保护、经济社会发展与生态建设之间的关系问题,推动生态经济持续发展的具体路径与举措。

3.1.3　都市景观生态主义理论

20 世纪 70 年代末,都市景观生态主义思想就产生了。景观代替建筑物作为当代发展的基础单元,也作为重新构建当代大都市的载体,是融合多专业的新理论。它致力于创建更有期望、更激进、更有生命力的城市生态建设实践形式。目前,都市景观生态已作为一面镜子,使城市环境得到展现;同时都市景观生态也作为一个媒体,让城市环境得到传承与发扬。

Charles Waldheim 指出,都市景观生态主义的内涵包含两个层面:一是以景观的视角看待城市的发展、演变以及传承,从美学和生态学出发协调城市的发展;二是自然、景观和自然景观已经成为大城市中的一种主要组成结构,是改变城市空间结构的最主要方法。都市景观生态主义是随着社会发展而衍生出来适应当下城市可持续发展的重要战略,是未来解决超大、大城市现实需求的重要措施,也是一个符合未来发展趋势、具有弹性的城市发展思路。都市景观生态主义的核心理论,就是用景观的视角解决现代城市的问题。

都市景观生态主义的核心理论,是把城市景观的自然性质和人文性质之间的关系,归纳在时间的"运动流程""开放架构"及其"公共表达"中,"运动过程"阐述了传统文化景观建筑场馆的历史演进流程;"开放架构"强化不同景观建筑要素在流动的物质空间表层上的交互机制;"公众表达"将着重回到"人"的本质,并突出公众参与性活动对传统历史文化场地空间的强化。

3.1.4 生态演替理论

生态演替(ecological succession)是一种最基本的生态化范畴。Odum 等把生态演替连同能源流动与物质循环,认为是生态系统功能转变的主要部分。而生态演替则是因生物群系和自然环境作用而引起生境功能改变的重要阶段,依据演替趋势又可分成进展演替与逆向演替或退化。群落演替是生态演替中争议最大的问题。群落演替阶段是指某一区域中,某个群落逐渐被另一个群落所取代的阶段。Clenments 等把整个种群演替区分为 6 个阶段,即裸露、迁徙、定居、竞争、发展、巩固,最后达到的顶极群落阶段把整个种群都认为是超生命体,并把演替阶段中的各个时期喻为有机体的诞生、发育、成长与灭亡。因此,可以把这一理论叫作演替的"有机体论"。20 世纪 50 年代以前群落演替的"有机体论"在种群生态学中一直居于主导地位。20 世纪 50 年代后期,与其相反的"个体论—简化论"思想也获得了较大进展。这一理论的主要创立者 Gleason 等指出植被现状纯粹取决于植物个体的植物群落,远不同于生命有机体,仅仅是植被的偶然集合种群演替或仅仅是群体动态的总和演替,并非是有序的、容易预测的。Clenments 等和 Gleason 等的演替理论表现了两种极端,更有力的方法很可能是二者的共同结果。演替的复杂性现象能够反映在物种、群落、生态乃至城市景观层次等多个范围,能够深刻影响演替流程和格局，进而形成时间上和空间上的缀块镶嵌构造。对生态演替理论的正确认识，不但可以对自然生态环境体系和人工自然生态体系实施合理的调控与管理，还是对退化生态系统修复和再生的重要理论基石。

3.2 矿山公园景观重构理论

3.2.1 生态化景观重构

生态化景观重构是指自然规律的“末端综合治理”。这涉及几层含义：①要更好地利用“互补相克”的生态化基本规律，开展景观重构综合治理。由于污染问题的日益突出，中国景观重构问题的综合治理变得越来越紧迫。②利用生态化景观重构技术，如富集植物筛选、菌根技术，实现对污染物的修复。③土壤处理、水处理领域的生态化景观重构。即采用综合性生态化技术处理环境污染，用最少的景观资源重构获得尽可能好的环保效果。

3.2.2 景观生态的重建

1. 景观的概念

景观一词来源于美国哈佛大学，不管在西方还是在中国它都是一种美好却无法表达清楚的概念。对于自然景观的概念，美国生态学家特洛伊将其定义为一种反复存在且相互作用、动态变化的复杂生态系统构成的异质化空间范围。而自然景观作为单一概念发展至今天，有了比较宽泛的含义和外延，如在地理学上，自然景观就有着地表可视景物和某些界限性地区的双重概念；生态建设学主张景观是单个人工范围上的一组具体地区，是大面积尺寸场地的生态复杂系统综合体，包含树林、原野、灌丛、村庄等可视因素；景观是在任意尺寸场地上的异质化空间，即有特定欣赏艺术价值的天然景物、地面形状和地景画。

城市景观、园林景观、景观建筑等让景观逐渐变成一个集城市、建筑、园林、社会、人文、自然的现代科技与艺术人文类综合学科，并越来越引起大家的关注兴趣。这一个貌似非常简单的概念，却有着极其广阔而深邃的含义。景观也包含着视觉景观的内容，包括建筑的配景或背景、商场、街景、公园草坪绿化等，从都市到牧野都寄托着人们的审美理念与向往，而现今中国城市景观本身体现着一种特殊社会发展历史阶段的审美文化意识。景观还包含大地景观的内容，如地形与地貌的景观分析与认识，自然形态与地球、生态环境之间人的生命体验，是人天地之间生态系统之中的栖居之所。自然景观这个体系，包含整个有机性与复杂化，从后庭园到整个都市、区域土地乃至世界，它都是生活的整个有机体，有人与人、人与大自然相互之间，在构造与功能、格局与流程方面错综复杂的紧密联系。自然景观的符号，不仅指广场上的雕像和纪念物等，还包含大自然和社会发展过程在大自然上的痕迹，是有关人类社会生活历程和自然环境系统的概念。

2. 景观重建的概念

1995年美国生态修复国家学会就认为景观恢复是一个概括性的定义，它并不仅是指最原本的含义，即完全恢复在遭到扰动或损毁之前的自然状况，它还包括景观修复(revegetation)、景观再生(reconstruction)、景观转化(reclamation)、景观恢复(rehabilitation)等含义。景观重建工作也是很广泛的，主要涉及生态景观、人文景观等与大自然共同恢复、调整、重组和再开发利用。

3. 矿山公园的景观重建

矿山公园的景观从生态学、风景园林学的观点出发，分成具有一定美学特色的天然与人造的地表景观，即自然风光与人文景观两个部分。其中，自然风光主要涉及地形地貌、土质、动植物、水域等，而人文景观主要是矿业历史遗迹和科学科普，同时保留开采后遗留下的自然特点，并以此为主轴线贯通全园，让游人进一步熟悉遗址区开发的历史背景和基础。

矿山公园治理矿山环境是一个复杂的系统工程，相关的环境工程、风景园林、生态学、生物学、矿业工程等专业的协作才能对矿山退化地的建设问题进行研究设计，而通过利用园林绿化和规划设计，实现重复利用和构建生态屏障的效果，以均衡环境衰退所造成的用地资金短缺，并控制自然环境继续变化。所以，对矿山的景观建筑物设计包括环境、艺术、生态和社会等多方面内容，有着重大的科学价值、社会价值以及改善人居环境的现实意义。中国矿山自然景观重构策划的研究重点是生态学、城乡规划学、景观生态学、风景园林学等多学科理论交叉融合，对矿山、矿坑、排土场以及尾矿库的生态修复和景观环境营造、植物的重构与规划、地貌的处理、周边水体和地下水的整治等进行科学策划设计，从而提供一个比较完善的、适应中国矿山生态景观重构的计划策略。同时，行政管理和开发经营等方面提供的相关政策保障机制，使中国矿山公园的景观实现生态修复、激活与再利用，从而提高产品的可持续性，并完成景观重构，例如闻名遐迩的上海世茂废弃矿山深坑国际酒店即是成功的例子。

4. 景观重建的理论依据

(1)绿色设计理论　绿色设计的根本理念是从设计阶段就把环境影响和防止污染的方法融于生产当中，把环境保护特性视为生产宗旨和目标，使生产工作自然环境的危害最小化。绿色设计的基础理论是绿色设计资源利用体系原理，简称“4R”，即景观减量(reduction)、景观重复(reuse)、景观恢复(recycling)、景观再造(regeneration)的准则。绿色设计关注的是人—自然—社会三者之间的相互作用和平衡关系，在设计过程的每一次决策中都充分考虑到环境保护效果，并尽可能减少对自然环境的损害。绿色设计并不仅仅是一个科技层面的考量，更主要的是一个社会价值观上的变革，需要摒弃那些过于注重外表的标新立异的行为，把重心放到真正意义上的创造上面，以一个比较负责的方式去创新。

(2)景观规划与设计的理论　在矿山景观生态的重建规划与设计研究中，总结古代园林规划设计的基本原则、手段和指导思想，可为矿山及废弃地的景观生态重建提出可行性研究方案。特别是对于中国古代景观建筑特有的创作方式和技法的利用，总结掇山理水、绿色建筑、景观生态等创作方法和技艺技法，这些技法对矿山及废弃地的景观重构有着重要借鉴意义。而中国古代的造园艺人，在利用土地和改善自然环境的同时非常重视对自然环境景观的营造。中国传统的矿山开采便是把开采石料和造景艺术相结合，这对于现今景观规划设计仍有着十分重大的意义。例如，浙江东湖景观便是在废旧采石工地上改建而形成的，其景观的重建思路正是利用遗址中已有的景观基本要素，凿山为壁，引水成湖，并融合了中国古代园林的山水意象，从而显示出浓郁的传统山水景观特点。

(3)城市规划与设计的理论　城市规划与设计理论是指对城市的未来发展计划、研究对都市规划的科学合理布置以及综合进行都市规划中各类工程的综合战略部署的学说。由于城市规划设计理论是以空间结构规划主导城市规划的一种理论体系，所以目前所制定的城市计划，基本上只是对城市或城乡内部空间环境的物质整治设计，对城市空间的内容发掘是城市规划设计理论的研究重点。城市空间规划探讨怎样保障城市内部空间的健康发展，包括矿山以及废弃地在内的城乡部位空间健康，如何规划成有序的、蓬勃的发展方案；城市基础设施之间怎样衔接，怎么引导城市周边小城镇的蓬勃发展等问题。所以，对矿山及废弃地的景观重建必须兼顾与城市规划设计之间的相互关系，在城市整体规划背景下和实际需求条件下开展规划和设计研究。

(4)景观美学设计的理论　景观艺术美学是在限定范围的一个整体生态环境下，根据自然界的法则以及人对自然界足够理智的审美观念创作出的艺术性强烈、突出、鲜活的艺术作品形体，有力地展现人对自然界既要征服又要保护的本性。景观艺术美学是城市及矿山的审美与景观艺术的具体化与人性化，是景观艺术的延续与扩展，是运用艺术理论知识探索景观艺术作品的审美特点与基本规律的研究。尽管中国工业生产遗弃的采石建筑带着时代的沧桑，但也能表现一种工业文明的美感。但工业之美不同于单纯的艺术设计,它带有功利性。而其工程技术建筑中所使用的建筑材料、所形成的场地肌理和建筑形态,也同样可引起人们的普遍思考。在对采石遗弃地的景观重建方案实施工程中,应采用对工程建筑材料的合理利用、对工程自然景观的保护和对工业垃圾的艺术处置等形式,演绎出一个全新的景观美学设计艺术。

(5)旅游规划理论　旅游规划是指某个国家或地区对旅游发展信息系统的开发。旅游规划主要任务是通过明确规划目标,增强发展牵引力,综合协调旅游发展体制、政策关系与保障制度之间的相互关系,扩大旅游发展内涵的广度和深度,优化旅游产业的内部结构,保障旅游地赖以活动的自然生态环境,确保旅游地取得良好的社会经济效益,并带动经济健康发展。

对矿山及废弃地旅游规划研究的目的,除期望能够获得自然景观修复效果以外,还应考虑经济和社会效益。为保障矿山及废弃地的后续发展与经营,政府就需要利用旅游规划,促进矿山公园的旅游业开发,提高周边产品的经济性,增加地方财政收入,给整个社会经济带来新活力,促进地方各产业,如农业、渔业、林业以及制造业的发展,同时也能帮助政府支付地方基建成本,并能更好适应地方经济和社会发展的需求。

(6)景观的可持续发展理论　中国生态环境研究专家在20世纪70年代提出景观的可持续发展理论,这一概念是基于全世界生态危机和人口日益增长的背景。其主要倡导社会、经济、环境、资源和人的和谐发展。美国Brundtland委员会将景观可持续发展理论定义为:在满足当代人的需求条件下,又不对下一代人的需求构成有害的发展。这一定义涵盖的基本信息,为世界各国政府所认可并采用。景观可持续发展是指自然环境、经济、社会三位一体的共同发展。自然环境永续健康发展是根本,国民经济永续健康发展是条件,经济社会永续健康发展是目的,三方相互关联,密不可分。人们共同追求的目标应该是“自然环境－国民经济－经济社会”综合体系的永续、平衡、全面蓬勃发展。

因此,矿山及废弃地的景观可持续发展并不仅仅体现在生态修复和重建上,也要适应当地的社会和经济发展的需求,应该包含经济政策可行性和经济投入以及成本上的合理性考量。

3.2.3 景观格局理论

1.景观格局概念

景观格局主要指空间格局,包含景观构成单位的种类、数量及其空间划分和选择。而不同种类的斑块,则在空间结构上呈现出随机型、均衡型以及聚集型的格局。

景观格局研究在景观生态学文献中占有很大比重，成为景观生态学研究的焦点之一。研究自然景观的空间结构，是研究自然景观功能与动态关系的重要基础。景观格局分析，是一种研究景观空间结构组成特点与空间配置关系的方法，不但涉及某些传统的统计学方法，还涉及某些新型的、专门研究空间结构问题的格局分析。研究怎样定性地分析景观格局，是景观生态的重大而富有挑战性的研究课题。生态领域长期以来没有把空间格局、生态功能与规模整合在一起研究过，但目前景观生态的许多研究方式都正在重视这三者的交叉关联。而这一点，已经成为景观生态和其他环境专业领域的主要不同点。虽然透过研究空间格局，有助于人们更进一步地认识生态过程，但是从格局到流程的推绎，仍是目前景观生态所面对的重要挑战。

2. 景观格局的内涵

景观格局是指景观的空间结构格局，包括景观的尺寸、外形和属性，以及不同的景观斑块空间在结构上被划分和组合成景观的规则。景观格局是地球时空异质性的表现，目前景观格局研究的主要是二维平面，而三维、四维、多维的景观空间模型是未来研究的主体。景观格局研究的目的是总结出在时间和空间上有序或有规则的自然景观。

3. 景观格局的类型

景观要素在空间结构上的格局分布是有规律性的，而景观要素结构就是不同空间排列形态产生的。从景观要素的空间结构分布关系上来说，较为明显的结构主要有 5 类，依次是均匀型分布格局、团聚型布置结构格局、线形散布格局、平行散布格局，以及特殊结构或空隙联系格局。①均匀型分布格局，是专指同一类景观要素的距离关系统一。中国北方乡村每人拥有平均的耕地，造成村庄格局多为均衡地散布在田地之间，各村间距相当，是典型的均衡式散布格局，人为干扰活动产生的景观斑块均衡性是人和自然共同完成的。②团聚型布置结构格局，是指相同种类的斑块聚合在一起，并造成大规模的散布。在许多亚热带农村区域，耕地一般集中在村落周围或道路旁边；在丘陵地带，耕地通常成片散布，村庄聚集在很大的谷地中。③线形散布格局，是指同一个种类的斑块呈线状散布。如民房在路旁零星散布或农田沿河道散布。④平行散布格局，是指同一类斑块平行散布。如在河流活动地带的平行河流水系，还有山区景观中沿山岭布置的森林带。⑤特殊结构或空隙联系格局，指在某种组合形式或空间结构联系中，或在一个特殊的格局形式中，不同的景物构成要素关系。由于城镇化中对道路的严格要求，因此村镇与道路呈现正相对空间联系。

4. 最优景观格局

最优景观模式“集聚间有离析”(aggregate-with-outliers)被看作生态含义上最佳的自然景观格局，这一模型(原理)主张城市规划师应将土地利用类型集中，并在开发区和建设区域留下小的天然斑块，并且沿重要的天然界限地区布置一个活动的“飞地”。这一模型具有7个方面的景观生态学含义：①保留在生态学上有着难以取代意义的大型天然植物斑块，用于涵养水源，保存珍稀生物；②景观质地满足大间隔的原则；③风险分担；④遗传多样性得以维持；⑤建立边界转换带，以降低边界阻碍；⑥小型斑块的优势得以发挥；⑦天然植物廊道利于生物的空气运动，在小范围上建立的道路与交通网络适应人们活动的需求。

3.3 矿山公园生态修复理论

3.3.1 矿山公园修复的概念

在矿业经济迅速发展的过程中，采矿的开发对周边自然环境造成严重损害。矿山废弃地是指由于开采活动中受到损害或者浪费的、没有治理或无法利用的地块。近年来，矿山及废弃地的环境恢复工作受到社会普遍重视，全国各地积极探索矿山环境恢复的模式，力求将矿山环境重建目标由单一的植被修复工程向新型替代产品过渡。根据城市整体规划，在城市近、中郊区域内选取各种类型的矿山废弃地，建立矿山遗迹园、环境示范园、环境科普园、小游园等多种形式的城市生态景观绿地，不但能够将矿山及废弃地环境再次赋予城市活力与人文意蕴，同时也对都市生态景观绿地系统提供了有益补充。

矿山公园是指在矿井或露天矿业活动区域地质环境治理修复后，发展建设采矿中“探、采、选、冶、机械加工”的矿业地理遗迹、古迹、旧址和史迹等，以矿业景点为主题反映矿产发展历史内涵，具有科学研究价值和教学功能，并供人类观光游览、科学考察利用的特殊空间区域。

矿山公园的生态恢复是在地球生态原理指导下，以生态恢复理论为基础，通过整合各种物理、生物、化学修复结合工程措施，引导矿山及废弃地区域自然环境系统重新开启循环并能够完成自我恢复的过程。对矿山及废弃地进行生态恢复，包含对修复完成的矿山及废弃地的改造和重构，最终完成矿山公园生态恢复的过程。同时，矿山公园本身也是一种对矿山及废弃地修复的方法之一。矿山公园的顺利建成以及后续对其有效利用，可对当地的土壤、植被、空气等进行二次改善和保护，同时也为当地提供教育、休憩、历史、文化等多种服务及功能。

矿山公园对生态环境修复的成功实施，需要景观园林学、生态建设学、地球物理学、生物化学、植被学、细菌学、分子生物学、栽培学，以及环境工程技术等多学科专业的介入。矿山公园对受损生态系统的恢复和保护，包括自然环境安全性、自然环境可塑性和平衡变化等。

矿山公园可以归类为生态修复的一种模式，同时又与其他生态修复方式有所区别。矿山公园的生态修复和生态恢复必须以景观园林学为基础，结合其他多学科共同完成，这需要对当地植被土壤进行有效修复的同时，还须保证公园所需承载的景观诉求及文化内涵。

3.3.2 矿山公园生态修复的作用

1. 矿山公园对山体自然灾害的防治

矿业活动损害地表、山体结构的安全性，在地貌效应、风化剥蚀效应、雨水降雪效应和其他人为效应等各种因素干扰下，必然会形成一定的坍塌、地裂纹、滑动和岩屑流等地质灾害，应采用相应的科学措施避免此类地质灾害产生。

(1)地震灾情调查　地质灾害的发生应多以预防为主，重点调查诱发废弃坑穴内的水文地质的采矿活动地区等。对已发现的自然灾害潜在区域，实施重点监控，形成地质灾害防治体系和应急预案。

(2)防止坍塌　废弃坑的崖壁和坡度岩石体从崖壁上或边坡体的表面脱落，即为坍塌。预防坡度坍塌的防护工程具体措施一般包括修边、修建护面墙、挡壁、植物保护工程、喷浆和砼护坡以及铺杆处理工程等。其中修边是最常见的具体保护措施，一般包括对崖壁与高陡坡度之间的坡肩和上部边界不稳定栽植体加以修补，在必要时适当开挖或去除松散岩体，直至崖壁和陡坎岩体完全变形稳固。通过基础施工，或通过梁、壁以及它们的复合形式支撑加固危岩块，避免其坍塌和脱落。铺杆是夯实坡度岩块的最有效方法，也可用来预防坍塌。铺杆的走向与设置深度，依据坡度的结构特点而定。

(3)防止塌方　不稳定边缘通常由硬质石块混合碎石构成，表层覆盖薄弱的土壤，植物覆盖率降低或者缺乏植物保护。在强降雨、地下水短流和开挖施工等活动的共同影响下，部分岩土会沿某软弱构造面产生滑动。对排查出不平衡的进坡，采用削坡或构筑防挡墙、防滑杆、支撑工程等方法，可以有效减少或避免滑动、坍塌的事故发生。

(4)防治削坡　指将矿山边坡上的不稳定、不平衡、多余的土体去掉，从而降低边坡高度，最大化地降低滑动体积的目标，尤其适合于较小型的土壤边坡和石质边坡。保护挡墙亦称为挡土墙，是预防滑动常用的措施，可选用浆石抗滑保护挡墙、水泥及钢筋混凝土抗滑保护挡墙等，尤其适合于小型边坡加固抗滑性。挡墙基底要置于最低滑面下，以提高挡墙的稳定性、功能性和安全性。抗滑桩是指深入固定土壤及岩石的梁形结构，以桩挡滑体的能力，通常将抗滑桩集中于坡体的前部。桩的材质可按照滑动体的厚薄、边坡的高低来选用，包括水泥、钢筋砼、钢铁等，鳞次栉比的抗滑桩可保护巨型边坡的滑坡，应埋于完整基岩以及稳固的土壤地层。

(5)防止岩屑流　岩屑流指在雨水和重力的联合作用下，矿山因地形产生的泥石流灾难。岩屑流的形成伴随着滑动的产生，疏松构造的山地常为破碎岩块或混合泥土结构，在雨水、山洪等的共同影响下，产生夹带着大量淤泥的流体阻力。以岩屑流的治理与预防为主，治理结合建设。对构造不紧密的山地可修建各种阻拦装置、倒灌堤坝、排水导渠、护坡等，以预防泥石流灾难发生。

2.矿山公园对当地生态的修复

(1)地形地貌重塑　地形地貌重塑规划是指通过对矿山及废弃地原有自然环境的修复与重塑，科学组织各类自然景观元素，根据边坡和标高等地质要求合理进行规划，从而解决好高低边界与垂直边界等难题。虽然一般设计师将地貌规划为单一的起伏变化，但也有设计师认为应充分利用采矿后地形地貌的特点，在充分尊重原有地形景观特点的同时，重塑现场的天然纹理。针对直角边界，可结合地貌规划出空间结构，利用灵活多变的设计手法进行全方位的重塑地貌，从而构造综合型的空间结构。而针对倾斜边界，可将地形地貌重塑为层次叠落的台地自然景观，其本体是地势土壤，景观设计大多采取陆地摊铺设计法，而陆地摊铺式管理也是提高空间城市形象的关键手段，因此对地形地貌的重塑除了“软质景观”还应采用“硬质景观”的综合设计方法。

(2)水体重塑　矿山及废弃地内的水体主要分成两类：一类是工业遗留的废水，另一类则是可使用的多年积累下来的雨水等。废水中的有害化学物质对自然环境损害很大，但只要能寻找到合适的解决途径，运用现代科技方法，对水体加以改造，就能呈现出新的水体景观。杜伊斯堡矿山公园中，人们将当年的污染河流用最简洁的方法重新改建成一个纯净的生态河流，景观园林设计师拉茨充分利用了自然的自净能力，将原有的污染河流重塑成一个开放式的亲水河流，并通过低坡度和降雨下渗到地表，使污染物慢慢自清净化，从而大大提升了矿山公园周边的生态环境。如果矿山及废弃地的水资源匮乏应尽量使用较小的面积水体，而如果周围存在着可能引来的大量客水，则可利用引流的办法将一定范围内的采矿石坑改建成较小范围的贮水坑塘，可以为矿山公园提供较为充足的水景资源，又可在雨季雨水较多时蓄积降雨再利用。此外，山体有冲沟的地方应设计挡蓄水体，借助雨天排水产生较小的水域，以改善山体的水力情况；在天然冲沟较少的地方，可使用道路旁沟渠拦蓄雨水，或使用道路旁沟渠最凹处挖掘防渗水井，以改变浅层地下水条件。在水体改造工程中，应当减少对自然资源的耗费。在满足景观需求下，兼顾经济与环境的协调是设计者需要考虑的内容。

(3)植被重塑　开采对矿山及废弃地的地面植被造成严重毁坏，甚至消失殆尽，在进行综合治理和土壤复垦工程后，因大自然力量的影响(植物群落自然演替)，虽然能够修复部分植被，但是植被自我恢复的过程非常缓慢，而复垦后的土壤如不能及时形成植物覆盖，会导致土地风蚀、降雨冲刷，以及水土流失，于是人们往往采用人工种植环境适宜的植被，来促进自然植被的恢复。

植被修复和重建工程的主要目标，不仅仅是让矿山及废弃地重新回归具备良好生态意义的绿色经济建设环境，同时也是一种具备生态建设、经济效益、社会综合效益、人地和谐可持续发展的自然生态系统。具体目标包括，建设满足土地类型和综合用途(包括经济效益和观赏等功能)所需要的植被生态群落；修复后的植物覆盖率超过除水体面积以外矿山公园面积的80%；修复后植株的成活率必须超过规定水平。选择植被类型是植物修复和重建中的关键问题。植被类型的选取必须以矿山及废弃地区域为主要背景，并根据气象特点、水文地质特性、经济效益和景观用途特点、植被生态习性等进行选择，选择的原则是因地制宜和适地适树。

废弃矿坑除回填土壤恢复地形地貌之外，如不需实行表面平整以保持稳定性(采用挂网工程)，可以对其采用土壤基质喷洒栽培法，即将植物种子、栽培土、土壤的营养物质、生物肥、微生物肥，合并喷浇在矿山的表层上，再利用富集植物构建乔、灌、草、花稳定的生态修复植物群落，即可达到较好的植被修复效果。

3.4　矿山公园生态修复的方案

3.4.1　矿山及废弃地生态修复的重要基质改良

1. 矿山及废弃地的土壤性质

采矿垃圾地的产生，破坏原来的天然生态，形成极度天然生境要求，严重影响植被的栖息。矿山及废弃地的重要环境因子包括以下方面。

(1)土壤的物理构造　包括持水量、土壤质地结构。

(2)土壤化学性质　包括氮、磷、钾以及速效氮、速效磷和有效钾，有机质含量。

(3)土壤中重金属含量　重金属会干扰植株的新陈代谢过程，阻止植株对养分元素的吸取和根系的生长。

(4)土壤的pH　严重的pH超标可引起植物营养缺陷，强烈碱性条件下还会导致植株的营养缺陷和酶的不平衡等。

(5)旱灾或盐分太多所造成的土壤生理旱灾　这种不良的影响可以单独或数个共同发生于多个不同类型的矿山及废弃地中，造成植被停止生长甚至成不毛之地。

2. 矿山及废弃地问题

(1)矿山排土场主要由废土和大石块、小沙石共同构成，仅存的一些沙、水泥和黏土也会随着雨水渗入而很快流失，根本没有其他功能，持水性、保肥性极差，使得植物定居非常困难。

(2)尾矿主要由过筛细土及淤泥状颗粒所构成，一般呈多边形晶体粒状，能构成很好的结构；其质量也可随着排放流程中的重力影响，而出现垂直或水平方向的改变。在选矿流程和处理的方法上可以发现异常，不同层的土壤粒径大小影响了空气与水分之间的运动，会产生氧化还原反应，在水平方向上也可以出现从沙土向黏泥的变化。

(3)植物营养缺失　不论是在矿山、尾矿、排土场或废弃地，一般其营养能力都相当欠缺。土壤中的氮、磷、钾以及速效氮、速效磷和有效钾、有机质含量均较少，阻碍植株的成长或存活。

(4)金属元素的毒性　金属元素包括重金属元素、有色金属元素、稀土元素等，常因矿业活动而进入到生态环境中。金属元素的空间分布由多到少一般为矿坑、选矿区、尾矿堆、排土场、矿区生活工作区。

(5)酸碱度超标　一般植株生长发育 pH 范围为 5.5～7.5，pH 低于 4 或高于 8 都会严重影响植株生长发育，甚至无法繁殖。极端的 pH 会导致维持植株生长发育元素的降低。

3.4.2 植被的自然恢复

矿山及废弃地植被的自然恢复进程是非常缓慢的，没有人工植被引导的自然植被是很难完成自我恢复的。研究结果表明，人工植物引导当地植被实现自我恢复的过程需要持续 10～20 年，在立地条件较差的地方，20～30 年内植被都无法自然恢复。对准格尔旗准能露天煤矿进行研究，包括植物入侵和成长的速度、科属种的群落组成时间，并与周围的原生植物做了对比，研究结果显示在 3 年(1991—1994 年)里，有 47 种植物进入排土场中，其中第一、二年内植物进入种数量最多，占总量的 94%，而第三年内仅有 3 种，占总量的 6%；自然恢复的植物种类与周边区域天然植物中 98%的植物比较，新群落的植物种数比重仅为 16%；而与当地的原有植物品种相比较，新生植物的特性也出现了较大改变，不仅植物覆盖度

<10%,植物品种也单一,无法构建稳定的植物群落;多年生植物种类比例也很低,是一种极不平衡的植物群落。

截至2006年,内蒙古赤峰市元宝山区露天煤矿的一项植物恢复研究结果显示,在土壤有机质含量只有0.65%的情况下,经过20多年的植被自然恢复,植被盖度仅有22%~25%,自然恢复的植物主要包含须芒草(*Andropogon virginicus* L.)、异刺鹤虱(*Lappula heteracantha*)、糙隐子草[*Cleistogenes squarrosa*(Trin.) keng]等。在1990年进行围栏封育,三年内将植被盖度提高了15%,新增的植被主要包括胡枝子(*Lespedeza bicolor*)、狗尾草[*Setaria viridis*(L.)Beauv.]和蒿属(*Artemisia*)等。根据上述植物自我复苏的现状,鉴于植物自我复苏所需的时间和植物复苏期间的生态效益与经济效益兼顾原则,矿山及废弃地植物复苏不应该被动地等待植物的自我复苏,应进行人工植被修复,引导自然植被恢复,这是保障矿山生态环境恢复速度的同时,提高植物群落稳定性和可持续性的有效方法。

3.4.3 土壤基质的改良

土壤作为影响植被生长发育的主要介质,其理化性质、营养状况以及污染情况是生态修复和景观重建是否成功的关键因素。LinGao等指出,在生态环境修复和重建成功的过程中,研发矿山及废弃地的土壤基质修复材料与土壤治理技术是目前主要的科研方向和技术手段。而影响植被生长发育的土壤状况则大致有三类,即理化性质的要求、营养养分的要求以及污染物含量的要求。所以,基质修复的主要目的有三项:一是改变土壤基质的结构等物理化学要求;二是提高土壤基质的营养养分含量;三是消除土壤基质中的毒性化合物。

1.表土覆盖

一些矿山废弃物磨碎也无法满足土层条件,需要在废弃物上磨碎浮土然后再改良。废弃地的危险性较大,需要在废弃地上先铺一道屏蔽层,以阻隔毒性物质经过毛细管的向上移动之后再覆土。土壤是生态环境和生物多样性的最主要载体。所以在恢复过程中要考虑到土壤基质的复合型解决方案,并将其转变成有利于植被生长的良好土壤。

回填表土是一个普遍、可行的方法。许多资料已经证实,对于无地表土回填的采矿废弃地,生物多样性的复苏遭到遏制。所以,要想在短时间内对无地表土覆盖的矿山环境进行生态修复是不太可能的。表土既是本地生物的主要种子库,也为植物修复工作创造了主要种源。同时,回填表土会提高植物根部的营养物质,获得更好的土壤结构,以及更多的水分和更少的污染等。

回填表层客土所带来的生态效益和经济效益也是显而易见的,不管其所产生的植被影响如何，只要有机会即应在开采时把所有地表土堆放在一起，开采完毕后再尽快遮盖上，以避免污染。若原地表土无法保存下来，则可采用客土回填的方法。客土回填法的重点就是找到土源。为处理客土来源的问题很多国家或部门规定在采矿前对表层土壤先进行剥离保存，然后待施工完成后再移回原位置。考虑到土壤是不可再生资源，以及施工的费用问题，土源应尽可能地在现场处理好。表土覆盖的方法和厚薄依据废弃地种类、特性和生态修复的目标而定，通常覆土在 50 cm 左右；如果是恢复园林树木，则覆土厚度宜在 50 cm 以上，以避免有毒、有害物质的伤害。

2. 土壤的直接改良

矿山及废弃地种类不同，因矿山及废弃地所处的地域差异影响土壤基质改良方法的种类较多，采矿过后矿山及废弃地的土壤结构必然受到损害。科学研究也证实，当土容重达到 1.8 时会影响植株根部的生长发育。基质物理环境改良方法是增加空隙率、减少容重、提高土层结构。短期内可通过犁地和使用农家肥等办法，但长期来看，植物覆盖才是永久性、生态环保的有效办法。

矿山开发过程中，地基土质的构造和功能已基本失效，而部分酸性或碱性的矿石质在开发和生态修复过程中会直接影响表面环境的酸碱性。所以，废弃地土壤基质酸碱性问题是修复的核心问题。土壤 pH 变化不仅会影响植被种类的选择和植株的繁殖，也危害土壤养分的生物活性和植株的成长，而且还会影响土地中的动物和细菌，甚至使食物链中断，严重损害整个土壤生态系统。

(1)生石灰改良　生石灰中和土酸性的力量较强，因此能够在短期内改善土壤酸性。生石灰很容易吸湿，是材料中碱性最大的一类，除中和土酸性之外，还兼有杀虫和对土地杀菌的作用。

(2)熟石灰改良　熟石灰由生石灰吸湿并加水处置后而成，其主要成分为氢氧化钙。熟石灰呈强碱性，很易于水解，是当前最广泛使用的一类硅灰料。其中和土壤的性能比生石灰弱，比石灰石强。

(3)石灰石改良　石灰石的主要成分为碳酸钙，水溶性较小，中和土地强酸的功能也很微弱，但中和土壤的各类强酸化学物质时，会慢慢提升其溶解性，因而后效较长。石灰石在调整 pH 的时候，也能够获得改土与增肥的双重效应。

对碱类泥土，采用石膏、硫黄和硫酸均可改变其性质。利用石膏中的钙离子代替土中的钠含量，就能够改善土壤结构，增强对水的渗透性和土壤空隙率，进而减轻土层的板结程度，同时土层中的食用盐含量也会在淋溶的作用下降低。因此，石膏的使用量主要取决于土层 pH 和含盐率，但通常 5 t/hm^2 就能够解决表层土板结的问题。

3.去除土壤中的重金属

矿山及废弃地土壤中若存在极端pH、盐含量过高或高含量有毒的重金属元素问题，那么土壤中无论加上什么营养物质（例如氮、磷、钾等）都无法促使植被的生长。土壤中可能存在着许多植物毒性化合物，关键是筛选出影响植物恢复的制约因子，并针对制约因子开展植物的基质修复。

处理重金属物质污染的垃圾地，可以选择两个途径：一是将垃圾磨碎覆盖成一个隔离物，以阻挡土中重金属物质向上移动，也可以是厚度1.0～1.5 m的粗石砾层；二是利用重金属富集植物将这些重金属污染物提取出来。

4.改善土壤的营养养分

矿山及废弃地的土质缺乏营养，土壤结构不良，氮、磷、钾等大量营养元素极为缺少，常作为植被生长发育的重要制约因子。所以，经常性地使用氮、磷、钾等化肥以补给土壤肥力，成为矿山及废弃地生态修复的关键举措。用来改善废弃地土壤营养状况的材料也非常普遍，肥料、有机垃圾、绿肥、固氮植物等都可以用于对废弃地土壤的改善。

5.粉煤灰的利用

中国矿山及废弃地由于占地面积大，生态修复问题尤其引人注目。由于煤炭废弃地多是采空地或塌陷地区，而当地又有大量的粉煤灰可综合利用，因此，可以在一些塌陷地区使用粉煤灰混凝土作回填料，其上覆以30～40 cm的湿陷性黄土作为造林基质。结果显示，刺槐、柳树、桐木和火炬树等植物均能够健康生长发育，尤以刺槐、柳树的生长发育较快，其植株根部也能够扎进粉煤灰中。粉煤灰综合利用是将采矿中产生的固体废弃物，用作充填材料。而对于没有充填料的塌陷地区，则可以采取“挖深补浅”的方法。

综上所述，土壤基质的改良一直是困扰矿山及废弃地生态修复和植被恢复的问题，而对于存在的每一种问题基本上都可以找出即时的或更长远的方法。表3-1是对中国目前修复矿山废弃地土壤问题所采用的即时与长期解决方式。

3.4.4 土壤微生物的恢复

矿山及废弃地的自然恢复，仅仅对土壤、植物进行恢复是不够的，还要包括微生物、水、空气等生态系统的自然恢复，以完善环境系统功能，才能使修复后的生态系统维持自然循环。微生物的恢复不但要恢复该地区原来的种群，还要接种其他细菌，以消除或降低污染。

表 3-1 矿山废弃地土壤问题所采用的即时与长期解决方式

类型	土壤问题	即时方式	长期方式
重金属	过高	有机物质(如生活垃圾)	生物固定
酸碱度	偏酸	石灰	耐酸性物种
	偏碱	硫铁等矿渣及有机物质	风化淋溶及耐碱性物种
有机质	缺乏	有机肥、塘泥、有机垃圾等	植被覆盖
养分	缺氮	氮肥	固氮物种
	缺其他元素	肥料或石灰	肥料石灰或矿物风化
水分	过多	排水	排水或耐渍植物
	过少	灌溉或覆盖	耐旱物种
结构	过紧	翻松或弄碎	植被覆盖
	过松	压实	植被或淋溶
有机污染物	过高	无	生物降解
盐含量	过高	灌溉淋洗	耐盐植被或淋溶
	流失	覆盖	植被
稳定性	滑坡及崩塌	工程措施	工程措施
质地	过粗	有机质或细土	自然风化
	过细	有机物质	植被

矿山及废弃地土质的微生物分为植物细胞和真菌两大类。土地微生物所能参加的各种化学反应(如矿化—同化、氧化—还原等)是植株养分转换、生物新陈代谢和废物分解的主要原动力。土壤的肥力变化对矿山及废弃地环境修复有重大作用。植物生长发育所需的矿质养分,主要决定于土地微生物对植株凋落物和土壤有机质的溶解功能,土壤为植株提供的养分是植被修复的数据库和数据源。土壤中微生物除细菌外还包括能和植株根部共存的固氮细菌(根瘤菌)、外生菌根和内生菌根。常见于矿山及废弃地中的共生型微生物见表 3-2。

3.4.5 土壤中动物的恢复

土地哺乳动物对改善土壤内部结构、增强土地肥力和溶解枯枝落叶层,实现养分的循环利用等方面都有巨大的意义。此外,土中的动物也承担着消费者和分解者的工作。所以,在矿山及废弃地生态修复中如引入某些具有耐性且有利于土壤改良的动物,则可使重建的系统功能更为健全,从而加快生态修复的进度。矿山及废弃地的土壤动物群落可分成大型、中型和小型三类,分类构成与功能主要包括以下方面。

表 3-2　矿山及废弃地土壤中的共生型微生物

类别	共生体	生命力	矿山公园生态恢复中的作用
根菌	能与占75%以上的植物种类形成菌根	生命力弱，尤其在缺氧环境中，在干燥环境中其孢子可存活数年之久	与植物形成菌根，促进植物对营养物质的吸收和根的生长
根瘤菌	与豆类植物形成根瘤	耐性强，对土壤酸碱性敏感	固氮作用
弗兰克氏菌	与非豆科植物8个属共生	耐性较强，于矿山废弃地中可存活数年	固氮作用

(1)大型动物群　包括蚯蚓、蜘蛛、蜈蚣、蚂蚁和蜗牛等。其意义如下。

①经由食物网络来传递营养，并经由动物细胞自身的新陈代谢来进行；

②利用土壤动物进食、消化、粪便排出的过程作用，初步分解植物脱落物，有利于提高土壤中微生物的分解能力；

③翻土、搅拌、回填等人工行为有利于疏松土层，并提高土壤有机质和泥土微粒间的混合，使不同土层土壤混合成均匀的土壤，即土壤生物群对土壤产生单一性的影响；

④"食土"动物(例如耐性蚯蚓、千孔虫和蚂蚁)在排便的过程中产生的胶结物质会让土壤形成良性的团聚体，并且其排泄物还有增加土壤肥力的功能；

⑤蚯蚓、蚂蚁等参与植物腐殖质产生的过程。

(2)中型动物群　例如螨类以及各种各样中小型节肢哺乳动物。其意义如下。

①螨类具有分解土壤凋落物的作用；

②利用土壤中型动物的啃食和消化作用，初步实现脱落植物的分解；

③参与植物腐殖质的形成。

(3)小型动物群　如原口动物、线虫以及某些螨类，其能将养分贮于自身细胞中，通过食物链来间接地改变土壤的功能与养分循环。

3.4.6　矿山及废弃地植被的选择

植物修复是植被恢复的基础，而植被恢复是整个矿山及废弃地生态环境恢复的基础，天然生态体系的恢复总是以植物的恢复为前提条件。因此，针对具体环境恢复要求选用合适的植物种类，是生态恢复的研究重点。

1. 矿山及废弃地植被选择的基本原则

矿山及废弃地的环境恢复，主要包括基质的逐步改良和适宜的环境生物的迁移、耐性的产生、定居等，需要考察生态系统中的各种有机体成分，包括动物、植物和细菌等。而在矿山及废弃地环境修复的过程中，最为关键的则是对适宜植被类型的确定，环境修复的最终目标是对环境污染的治理或是生态系统的恢复。因此，成功的植物修复可以看作矿山及废弃地环境污染治理的有效方法之一，同时，这又是恢复生态系统的关键性、决定性的步骤。成功的环境恢复很大程度上取决于合理地选择定居的植物类型。

矿山及废弃地的自身特性、自然环境、社会条件等不同，对其生态修复的目标也不完全相同。如果以土壤侵蚀和环境污染减少为目标，可适当选用一些生物量较丰富、根系发育良好的高耐性草本植物，并且适当选用部分灌木、乔木，以提高其环境控制作用。如果以农业土地再利用为目标，所选择的植物类型应当充分考虑到有害营养元素的大量累积情况，以减少有害营养元素在食物链中的传递作用。如果以野生生物保护和生物多样性为目标，则尽量选用乡土植物类型，并组成乡土植物多样性资源库，引入地带性原生植物的土壤种子库是其中对策之一。如果以游览观赏为目标，则在兼顾植被环境耐性的同时又要兼顾可观光花卉的选择。由此可见，植物种类选择不但受制于矿山及废弃地的自身特点，而且必须满足生态修复的目标。

所以，对植物种类的选择在满足种群演替基本原理、大小环境对生物个体的不同影响机理、生态位基本原理、密度控制基本原理、生物多样性基本原理等基础上，还应坚持如下原则。

(1)由于矿山及废弃地的水肥条件较差，土壤中重金属等有毒有害化学物质的浓度较高，因此必须选用对干燥环境、基质、盐碱等有一定抗性的、对污染物质具有耐性的植物。

(2)根据矿山及废弃地的立地条件，选用根系发育、能固土、固氮和具有较快繁殖速率、枝繁叶茂，尽可能地长期遮盖地面、有效防止风蚀和水化的植被。植被最好落叶层丰厚、容易溶解，可以较快产生疏松的枯枝落叶层，能增强土地的保水、保肥能力。

(3)选择种植容易、播种萌芽能力强、苗期表现抗逆性强，且容易成活的植株。

(4)能适应本地的气候环境，尽量选用本地优秀的乡土植物为先锋树种，也可引入可适应的速生树木。

(5)在选用植物时尽可能兼顾生态效益与经济效益，选用既能修复本地自然环境，又能给地方经济创造效益的植物。那些在矿山及废弃地天然定居的植被，能满足极端要求，应成为优先考虑的先锋树种。

(6)遵循地球生态原理，是对矿山及废弃地生态修复物种选择的最主要前提条件。

2. 先锋植物的选择

选用适生的先锋植物是植被重建的重要方法之一，针对矿山及废弃地周边特殊环境区的立地条件，并结合当地气候的影响因素，在遵循种群演替机理、不同地区自然环境对生态的不同影响机理、生态位原理等生态基本原理的基础上，所选用的先锋植物应当具备如下特点。

(1)适合在脆弱条件生长，抗性较好，耐旱、抗寒、耐瘠薄、抗病虫害能力强。

(2)植物生长发育较快，且可固定大气中的氮素，从而加快土壤成熟。

(3)植物根系可良好发育，萌蘖性强，防风固土，可起到良好的生态效果。

(4)播种、栽植容易，成活率高。

菊科和豆科植物通常为首选种类，它们大多具有坚强生命力和抗瘠薄能力，繁殖速度快，并且豆科植物还能固氮。在矿山及废弃地植物修复中，氮元素和氮循环起着重要的作用，因此含氮物质的状态也体现出土壤系统中的营养状态。在矿山及废弃地的植被修复中选择豆科植物，具有以下意义：①多年生豆类植物的枯枝落叶以及一年生豆类植物在繁殖季节后的整个枯死植株，会给土壤带来大量的土壤有机化合物，由于此类土壤有机化合物中的 C/N 较低，因此在分解后还能有效地增加土壤中 N 元素的积累；②豆科植物在修复中对其他植物可带来额外的氮素，同时还发挥着保护功能，从而促进某些先锋树种的繁殖，进而使这些先锋植物更好地营造出“森林环境保护”的功能，使其更适于与一些入侵种配植，如豆科可以协助栎科和山毛榉科的侵入和繁殖。

在矿山及废弃地植被的早期演替中，大量栽培豆科植被甚至是某些生长时期极短的豆科灌丛，如白羽扇豆属、荆豆属和金雀花属等植被具有生态效益的经济模式。豆科植物已被认定为对于缺水和瘠薄的荒芜地环境，进行植被修复生态效益最优的植物品种。

重金属污染较强烈的矿山及废弃地，通过栽培各种金属耐性植被也能够起到改善土壤环境的目的。特定的管理要求和水肥条件下耐性植株可以繁殖，从而达到基质被耐性植株慢慢改变的目标，这个过程中其他野生植株也将慢慢进入，最后构建出一种新的植物群落。

对矿山及废弃地的先锋植物进行筛选测试的方式，包括采用撒播、开挖浅沟浮土、撒播覆土厚度、耕翻下种等。在每种播栽中又以不同品种先后开展混播、单播的比较测试，平均覆土深浅为 1～2 cm，播量较常规播量大 2～3 倍。结果表明，沙打旺、杂交苜蓿、紫花苜蓿、山竹岩黄耆、草木樨、红豆草、冰草、羊草、老芒麦等杂草植株，在矿山及废弃地均可顺利繁殖。表 3-3 列举了矿山公园生态修复植物的常用种类。

表 3-3 矿山公园生态修复乔本科及豆科植物常见品种

植物名称	拉丁名	主要分布区	平均高度范围/cm	播种量/(kg/亩)	适宜环境
黑麦草	*Lolium perenne* L.	长江流域	80～100	1～1.5	温暖、湿润
鸭跖草	*Commelina communis* L.	华中、华北、四川	80～101	0.8～1.0	喜湿、耐阴
猫尾草	*Uraria crinita* (L.)Desv. ex DC.	东北、华北、新疆	80～102	0.25	耐寒
无芒雀麦	*Bromus inermis* Leyss.	东北、华北、西北	50～100	3.0～6.0	耐寒、耐旱、耐湿
披碱草	*Elymus dahuricus* Turcz	北方地区	70～160	1.5～2.0	抗旱、耐寒
老芒麦	*Elymus sibiricus* L.	三北地区	70～140	2.5～3.0	耐寒、耐旱
羊草	*Leymus chinensis* Trin.	三北地区	30～90	2.5～4.0	耐寒、耐旱、耐盐碱
冰草	*Agropyron cristatum* (L.)Gaertn.	北方地区	30～80	1～1.5	耐寒
苇状羊草	*Festuca arundinacea* Schreb.	南北方均有	70～180	0.8～1.5	耐旱、耐酸碱
星星草	*Puccinellia tenuiflora*. (Griseb.) Scribn. et Merr.	三北地区	60～90	1～2.0	耐盐碱
狗牙草	*Sedum sarmentosum* Bunge.	黄河以南	20～40	0.3～0.65	耐淹、耐踏
紫花苜蓿	*Medicago sativa* L.	南北方均有	60～100	0.5～1.0	耐旱不耐淹
黄花苜蓿	*Medicago falcata* L.	北方地区	60～100	0.6～1.0	耐旱、耐寒

续表 3-3

植物名称	拉丁名	主要分布区	平均高度范围/cm	播种量/(kg/亩)	适宜环境
红三叶	*Trifolium pratense* L.	长江以南	30～90	0.5～1.0	耐潮湿、喜钙
白三叶	*Trifolium repens* L.	南北方均有	10～30	0.25～5.0	耐酸、耐阴
白草木樨	*Reseda alba* L.	北方地区	100～400	0.75～1.2	耐旱寒盐碱
黄草木樨	*Reseda lutea* L.	长江以北	90～220	0.75～1.2	耐旱寒盐碱
沙打旺	*Astragalus laxmannii*	中国北方	100～120	0.5	抗旱寒，耐瘠薄
紫云英	*Astragalus sinicus* L.	长江流域	80～120	0.25～0.5	喜温，怕旱寒
红豆草	*Onobrychis viciifolia* Scop	三北地区	60～100	5.0～7.5	抗旱
小冠花	*Coronilla varia* L.	黄河流域	70～130	3.0～5.0	耐旱寒盐碱
山野豌豆	*Vicia amoena*. ex DC.	黄河以北	50～60	2.5～3.5	耐旱寒盐碱

3. 生态修复群落的植物选择

菊科、禾本科和豆科中的杂草植被大都是修复的先锋品种，植被类型的顶极群落就是原始森林。按照植物群落生态学原则，植物种类多样化是生态系统健康的基础。利用乔、灌、草、藤本等多层植被搭配组合进行生态修复的植物群落，比利用单一种或少数几个种的植物群落的生态效益和群落稳定性要更好，前者更能适应环境变迁而创造出比后者大的生命机会，并能形成稳固的生态系统。小乔木和灌丛作为植物群落的主要部分，具有各种各样截然不同的生长密度和空间层次，能够持续地稳固于地表。在矿山及废弃地生态修复过程中，栽植园林植物不但有助于矿山自然环境的修复与景观提升，同时部分树木还具备一定的经济价值。此外，园林植物通常不能给动物提供食物，这也间接避免了污染物在食物链中的迁移。因此，在矿山及废弃地生态修复时除了选用菊科、禾本科和豆科植物以外，还应与其他类型的植被(包括乔木、灌木等)组合，从而组成多种群落的生态系统。还可从生物工程角度选用优良品种，如采用转基因、遗传突变等方法培育出适于矿山及废弃地的植物种。植物选定是生态修复的第一步，植物群落构建将直接关系整个生态系统的修复是否成功。植物的定居和演替，植物群落的生态效益和稳定性对受损生态系统修复和重建中的意义如下。

①各种植物群落的多层构造能有效利用林冠层的截留作用，凋落物增厚而形成的地下垫面变化，降低水滴溅蚀力和地表径流量，从而减少水土流失；

②利用植物的有机残体和对植物根系穿透性及其分泌物的物理化学影响，促

使土壤的发育生成和熟化，改变局部自然环境，在水平和垂直的空间结构上产生更多的格局和多样性变化，使整个自然界生物多样性增加；

③运用植被群体根系间错落相交的总体网络结构，提高植物固土抗冲能力，为生态系统创造更稳定的生境，并逐渐修复已经衰退的生态系统。矿山或废弃地栽培的树木选用时首先要考虑多种环境因素，如生态恢复目标、生长场地要求、气候环境要求、社会经济效益要求等，然后再按照上述条件来筛选、确定树木的种类、规格、年龄等，以期达到树木生态特征和立地条件的最优配置，获得较高的生态水平和效益。

树种选用，在坚持生物多样性基本原理、生物之间的互相制约基本原理、生态效益和经济性相互统一基本原理等的前提下，还应当符合下列一些基本原则。

Ⅰ生态稳定，指树木栽植后成活率高，生长速率较快，且林分构成相对平衡，因此可以达到较大的生态产量。这要求树木必须具备更高的适生能力，对干燥、湿气、瘠薄、盐碱类、酸害、病虫害等恶劣环境和立地因子具备较强的耐受能力。

Ⅱ具有较高的效益，如要求经济效益的植物群落要做到速生、丰产、质量优良；要求生态效益的植物群落要能充分发挥出较好的保护功效，如涵养水源、固土护坡、阻挡泥沙，促进根系发育、树冠密集、吸烟降尘、美化环境。

Ⅲ优先选择乡土树种，指自然地散布于全国各地的树木，是经过长期与当地自然环境相适应的产物。乡土树种栽植成活率较高，修复成功的机会大，繁殖速度快且环境适应性较强。一些树木虽然并非乡土树木，但是引进到该地区已有较长的时间，已适应了该地的自然环境，且生长表现良好，因此造林时仍可将此类树木作为乡土树种应用。

Ⅳ选择抗逆性强的树种。矿山及废弃地土壤通常较为瘠薄，且肥力较差，为此，生态修复时应选择对营养元素需求不强的植物，或具备固氮性能的豆科树木，如中国北方常用的刺槐、紫穗槐、胡枝子等，而且一些非豆科植物也具备固氮性能，如沙棘、桤木等。

选择抗逆树木时首先要开展大规模的调查研究，在必要时还须开展树木筛选试验，真正了解立地条件和各种树木生长之间的相互关系后，方可制订树木选择方案，再决定植物群落的树木配植比例；同时，为提高矿山及废弃地的生物多样性，树木品种应当尽量丰富一些。表 3-4 是矿山公园生态修复造林常见树种。

表 3-4 矿山公园生态修复造林常见树种

树名	科	性状	树名	科	性状
油松	松科	常绿乔木	白榆	榆科	落叶乔木
华山松	松科	常绿乔木	白桦	桦木科	落叶乔木
樟子松	松科	常绿乔木	苹果	蔷薇科	落叶乔木
马尾松	松科	常绿乔木	山杏	蔷薇科	落叶乔木
云杉	杉科	常绿乔木	家桑	桑科	落叶小乔木
侧柏	柏科	常绿乔木	山楂	蔷薇科	落叶灌木
杉木	杉科	常绿乔木	沙棘	胡颓子科	落叶小乔木
毛白杨	杨柳科	落叶乔木	生柳	杨柳科	落叶灌木
小叶杨	杨柳科	落叶乔木	胡枝子	蝶形花科	灌木
钻天杨	杨柳科	落叶乔木	紫穗槐	蝶形花科	落叶灌木
箭杆杨	杨柳科	落叶乔木	柠条	蝶形花科	灌木或小乔木
旱柳	杨柳科	落叶乔木	锦鸡儿	蝶形花科	灌木
辽东栎	壳斗科	落叶乔木	荆条	马鞭草科	落叶灌木
刺槐	豆科	落叶乔木	黄栌	漆树科	灌木
臭椿	苦木科	落叶乔木	沙柳	杨柳科	灌木
楸树	紫葳科	乔木	文冠果	无患子科	落叶灌木
国槐	豆科	落叶乔木	沙枣	胡颓子科	落叶灌木
白蜡	木樨科	落叶乔木	枸杞	茄科	落叶灌木

4.植物群落结构的设计

植物群落结构的组成主要取决于密度、配比、层次等因素，而疏密程度与配置则主要取决于植物的平面构成，而层次则主要取决于植物的垂直构成。实践证明，在植物群落结构设计过程中，应当遵循群体密度控制和空间分布格局等基本生态原理。

(1)植被的种植密度　最合理的栽植密度并非一种常量，只是一项随着植物品种、立地条件、栽培技术、经营状况等因素差异而变动的数量。最常用的标准是：国家防护林应选择面积最大的栽植密度，而其他特种林中自然发展的群落宜稀植，树冠较狭小的群落宜密植；立地要求好的群落宜密植，立地要求较差的群落可少植；无间伐环境的群落宜稀植；良种苗木充足时宜多植。

矿山生态修复在栽培植物时应尽量地密植，但是也须依据矿山覆盖土壤的特点，若土壤肥力和结构条件都较差，过量的密植会导致土壤营养物质的枯竭，危害树木的正常生长发育，甚至出现死亡的现象。为了克服这一矛盾，可以采取行内密植(株距小)、增加行距或疏中有密的办法。

(2)矿山植物群落的重新配植　植物群落的重新配植是指相当数量的植物种植地点在环境恢复上的重新分配形式。

行状配植是比较普遍的选配方法，该种方法可以充分发挥林地空间，树冠与根部的生长比例也比较平衡，有利于速生丰产，也有利于抚育管理。在坡地状态下，形状配置时要保证种植线的走向和地面降雨径流线方向保持一致，以利于水土保持。最常见的行状配置有长方形、正方形和三角形3种。

群状配植是植物在林地上呈现不一致的群状分布，群内植物数量稠密且群间相距很大。群状配置的优点是群内植物很早时候就达到高度郁闭，可以对抗外界恶劣环境因子的影响，但随着树龄的增加，群内植物分化越来越明显，需要人工间伐。

(3)植物群落树种的组成　植物群落树种的组成大致有单纯林与混交林两种形式。在培育植物时，因为其立地条件较差，所以培育树木时通常使用单纯林形式，而对于树木的培育则多使用混交林形式，混交林形式一般用乔、灌丛混交类型和阴阳性树木混交类型，混交方式则一般用行状混交和带状混交。

综上所述，矿山及废弃地生态修复的实施，必须以修复生态理论为指导，根据矿山及废弃地的实际情况，对土地、植被、微生物以及土壤动物等的修复方式进行综合利用，可以促进修复后的环境生态结构更加合理，功能更加齐全，从而避免生态修复后又衰退的现象发生。

4 内蒙古多金属矿山实例分析

4.1 研究区概况

4.1.1 白云鄂博矿区概况

白云鄂博矿区南北长 32 km,东西宽 18 km,地理坐标东经 109°47′～110°04′,北纬 41°39′～41°53′,位于内蒙古包头市以北的达茂旗大草原上,最高海拔约 1783.9 m,平均海拔 1605.5 m,与包头市辖区内的巴音敖包苏木相邻,南距包头市区 149 km,东距呼和浩特市区 212 km,北距中蒙边境线 95 km,隶属于内蒙古自治区包头市管辖,面积约为 328.64 km^2,城区面积约 10 km^2。矿区东部、北部是山地,西部、南部是高平原台地、草原,中部是盆地,矿区属于内陆干燥气候,寒冷、温差大,冬、夏两季温差可达 69 ℃,冬季长达 7 个月,极端低温 −35.1 ℃,极端高温 34.3 ℃,年平均温度2.4 ℃。风沙较大,每年平均 7 级以上风速有 70 d,冬、春两季以西北风为主,夏、秋两季以西南风为主,年平均风速可达 5.5 m/s,最大风速可达 26 m/s;干旱少雨,年均降水量不足 300 mm,且多集中在夏季;年平均日照时间高达 3240.4 h。

4.1.2 白云鄂博矿山概况

1.矿山情况简介

白云鄂博矿山包括主矿、东矿、西矿、东介勒格勒矿和东部接触带矿 5 个工业矿床,全区矿化面积达 48 km^2。白云鄂博铁矿场于 1957 年 2 月建矿,建矿初期生产力水平较低,只能采用人工开采;1959 年开始投入电力机车,初步进入机械化开采;矿山在 1988 年的东矿采场投入了第一台 108 t 的电动轮机,采矿升级为现代化设备作业,同年将单一的铁路运输改为铁路和公路联合运输;2007 年又在东矿增加了岩石胶带运输系统,实现了铁路、公路和胶带交叉式联合运输。白云鄂博铁矿区坚持“绿水青山就是金山银山”的理念,将生态恢复贯穿整个开采过程,边开采边治理。在开采过程中,综合考虑排土场选址、厂房位置、道路设置等条件,争取做到对土地环境破坏最小、对生态影响最低。从 2013 年开始，积极响应国土部门要求，编制了白云鄂博铁矿地质环境治理恢复总体规划，确定每三年为一个矿山地质环境治理恢复周期。2014 年白云鄂博铁矿申报国家级绿色矿山试点单位成功，并于 2017 年通过第四批国家级绿色矿山试点单位实地核查，在核查中被评优。白云鄂博铁矿全厂区可绿化的面积为 40 万 m^2，已绿化面积为 38.8 万 m^2，工厂办公区绿化达到了 97%，共种植了 4.2 万棵苗木，其中灌木 1.56 万株，护坡铺砖 3.4 万 m^2，围墙 503 m，硬化道路 7653 m^2，新建道路 1.44 万 m^2。

白云鄂博多金属矿是世界上最大的露天共生矿床，赋存于宽沟背斜南翼白云向斜两翼的 H8 白云岩与 H9 板岩的过渡带中，根据铁的边界品位圈定可分为东部接触带矿、东介勒格勒矿、东矿、主矿、西矿五大矿体群。白云鄂博矿床分为南北两部分，地层性质不同，北部地层属于褶皱区系统，南部地层属于地台区系统。铁-稀土-铌混合矿体基本呈东西走向的条带状。矿床东起都拉哈拉，西至阿布达，东西长 16 km，南北宽 3 km(图 4-1)。白云鄂博铁矿矿山开采初步设计是由鞍山黑色冶金矿山设计研究院于 1987 年编制的，境界内铁矿石量为 5.25 亿 t，其中主矿境界内铁矿石量为 3.37 亿 t，东矿境界内铁矿石量为 1.88 亿 t。截至 2018 年 12 月，境界内主矿剩余矿量 7745 万 t，剩余服务年限 14 年(2033 年闭坑)；东矿剩余矿量 619 万 t，剩余服务年限 3 年(2023 年闭坑)。

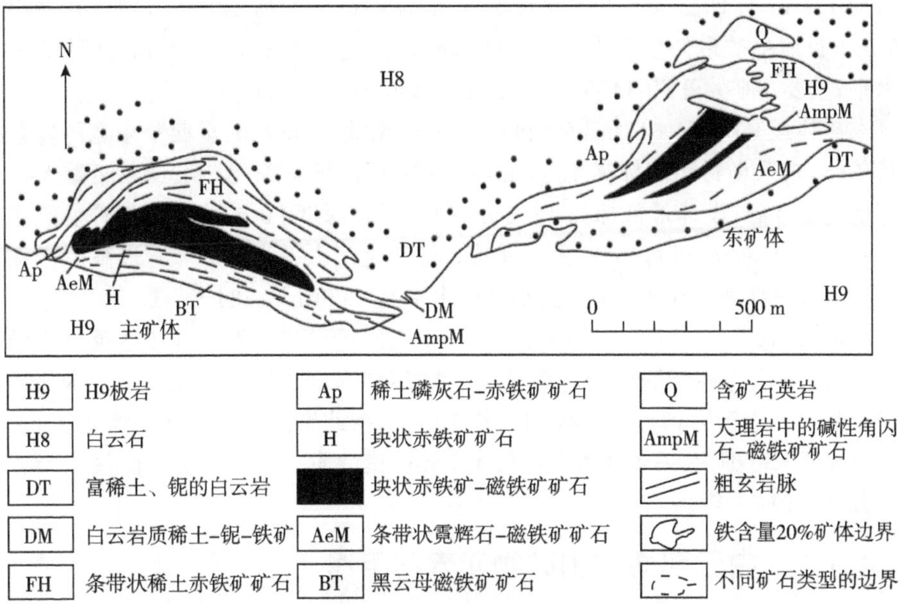

图 4-1　主矿、东矿地质简图(Le Bas, 1992)

主矿和东矿结构组成相似，主要由铁矿体组成。其中东介勒格勒矿和东矿体群构成了一个东西轴线的向斜型构造体，轴线为H9板岩，两侧为H8白云岩，北部为东矿，南侧为东介勒格勒矿。东矿以白云石型铌和稀土矿矿石为主，东介勒格勒以铁矿矿石、白云石型铌和稀土矿矿石为主。西矿位于主矿以西区域，东西长约10 km，南北宽约1.0 km，矿体以黑云母化板岩和白云岩为主。东部接触带矿分布在白云鄂博矿山的东侧，矿体中部为H9板岩，两侧为H8白云岩，矿体以铁矿和铌矿为主。

2. 矿山生产能力概况

白云鄂博矿山是中国最大的多金属露天矿山，矿产资源丰富，拥有国内最大的铁-氟-稀土矿床、最大的稀土矿体和最大的铌矿体。主矿和东矿是最早的矿体，于1957年2月开始露天开采，目前已累计开采约3.7亿t，采矿累计采剥量约11亿t（至2019年）。截至目前，主矿年平均开采700万t，东矿年平均开采500万t，西矿年平均开采1500万t。白云鄂博矿山的主矿和东矿隶属于包钢集团公司，矿石开采后分为铁矿石和其他矿石，铁矿石由火车运送到包头钢铁公司选矿厂，其他矿石由轨道露天运送到排土场4和宝山矿业选矿厂。

主矿体最高标高1783.9 m，东西长1250 m，南北宽415 m，呈一巨大的不规则透镜体，走向近东西，倾向南东—南西。主采场封闭圈标高1426 m，山坡露天矿开采深度172 m，深凹露天矿开采深度210 m，设计最低标高1230 m，剩余开采深度186 m。目前主矿最低生产水平为1416 m，最高生产水平为1500 m，共计7个生产水平；主要出矿水平为1458 m、1444 m、1430 m、1416 m。

东矿体最高标高1648 m，东西长1200 m，南北宽350 m，呈西窄东宽的复杂扫帚状矿体，东采场封闭圈标高1594 m，山坡露天矿开采深度54 m，深凹露天矿开采深度达274 m，设计最低标高1230 m，剩余开采深度90 m。目前东矿生产能力为500万t/年，产能以每年60万t递减。最低生产水平为1320 m，最高生产水平为1348 m，共计3个生产水平，主要出矿水平为1320 m、1334 m。

西矿（E 109°47′～110°04′，N 41°39′～41°53′）于2004年8月在达茂旗注册成立，2013年并入包钢钢联股份有限公司，是集合“采”“选”“输”“滤”为一体的新型现代化矿山。白云鄂博西矿矿体东西长10 km，南北宽2 km，总储量约9亿t。在目前露天开采范围内，采场地表东西长4.7 km，南北宽1.4 km，矿石储量4.4亿t，设计服务年限34年。

4.1.3 白云鄂博矿山矿物元素与用途

白云鄂博矿是一座以铁、稀土、铌等为主的世界级大型多金属共生矿床，赋存于宽沟背斜南翼的 H8 白云岩与 H9 板岩的过渡带中，截至 2019 年 12 月已探明存储 170 多种矿物质，共计 71 种元素，其中可供综合利用的元素和矿物资源达 26 种。矿床含量较多的元素包括铁(Fe)、铌(Nb)、铈(Ce)、镨(Pr)、钕(Nd)、铕(Eu)、钇(Y)、钪(Sc)、钍(Th)、氟(F)、钠(Na)、碳(C)、钙(Ca)、镁(Mg)、钡(Ba)、磷(P)等。现已探明铁矿石储量 14.6 亿 t；稀土储量约 1 亿 t，占世界稀土总储量的 77%，居世界第一位；铌氧化物储量约 660 万 t，居世界第二位。此外在矿体的上盘，还蕴藏着 1.5 亿 t 的富钾板岩，氧化钾平均品位达 12.14%。主要赋存轻稀土元素包括 La、Ce、Pr、Nd 等。白云鄂博矿山的稀土元素已广泛应用于电子、石油化工、冶金、机械、能源、轻工、环境保护、农业等领域。

4.1.4 白云鄂博矿山开采工艺

露天矿体开采工艺经过钻孔和爆破将地表土壤剥离，分别将矿石和废岩(土)通过铁路、公路运送到白云鄂博选矿厂(宝山矿业公司)和矿山就近的排土场堆放，通过当地选矿(破碎)后将精矿通过管道运输到 130 km 外的包头钢铁公司选矿厂进行磁浮二次选矿，其余通过铁路、公路运送到储仓或者就近的排土场(图 4-2)。

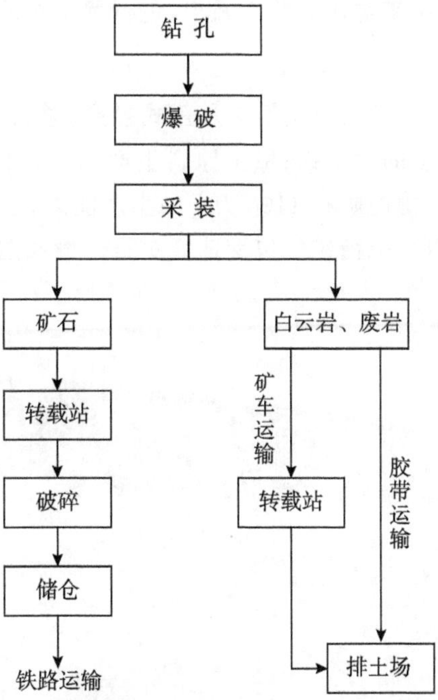

图 4-2 多金属矿露天开采工艺流程图(陈耕，2012)

在开采选矿的过程中产生大量的粉尘和露天堆放的废岩，重金属、轻稀土和核素污染物质在土壤中不断积累，对土壤环境产生破坏性影响。采场矿石经运矿汽车运至采场外矿石转载台，由 4 m^3 电铲装入 60 t 翻斗车，经 150 t 电机车牵引运往破碎车间完成矿石粗破。粗破后的矿石，一部分经铁路运输至宝山矿业公司包钢选区，另一部分经胶带运输至宝山矿业公司白云选区。岩石由运矿汽车运至采场内岩石胶带破碎站，经胶带运至采场外，由排土机完成排土作业。

矿山主要钻孔设备为 KY-310 牙轮钻机，钻孔直径 310 mm；采装设备为 16.8 m^3 电铲、10 m^3 电铲、4 m^3 电铲；运矿设备为 260 t、172 t、150 t、108 t 级运矿汽车；粗破系统主要包含 1500/300 破碎机、900/100 破碎机及一系列皮带组成，年生产能力 1200 万 t；岩石胶带系统主、东采场各有一套，其中东采场岩石胶带系统于 2007 年投入运行，年生产能力 700 万 t；主采场岩石胶带系统 2015 年投入运行，年生产能力 2000 万 t。

4.1.5 白云鄂博矿山下游产业链

白云鄂博矿产矿石主要向宝山矿业公司输出，其中分为包钢选区和白云选区，包钢选区选铁完成后的尾矿输送到北方稀土，进行稀土选冶。

1. 包钢选区

包钢选区始建于 1958 年，1965 年 8 月正式投产，总占地面积 1735.16 m^2，是以处理白云鄂博矿石为主的大型铁、稀土原料生产基地。目前拥有 3 种生产工艺流程，具备年处理白云鄂博铁矿石 1100 万 t 的生产能力，主要产品有自产铁精矿、弱磁尾矿（稀土选矿原料）、硫精矿。包钢选区矿石运输如图 4-3 所示。

图 4-3　包钢选区矿石运输

2. 白云选区

为充分利用白云鄂博矿产资源，包钢公司积极开展白云鄂博资源综合利用项目建设。项目分两期：一期于 2012 年 9 月开工建设，于 2015 年 10 月基本建成。其拥有选铁、选稀土、选铌、选萤石、选钪、选硫精矿 6 条资源综合利用生产线，工艺框架经多年试验研究、验证，集装备升级、节能减排、技术创新于一体，全面投产后，成为国家铌、钪等重要战略资源产业基地。目前铁、稀土生产线已达产，列入正常生产；萤石、铌、钪等生产线正在调试、攻关。白云选区矿石运输如图 4-4 所示。一期工程全线投产达产后年设计能力分别为：

铁精矿：188 万 t(品位 64.5%)；铌精矿：2 万 t(品位 5%)；

稀土精矿：30 万 t(品位 50%)；萤石精矿：20 万 t(品位 95%)；

硫精矿：2 万 t(品位 30%)；钪富集物：50 万 t。

图 4-4　白云选区矿石运输

3. 北方稀土

稀土作为国家战略性资源，全国稀土指令性计划 12 万 t，其中北方稀土 6 万 t。北方稀土主要生产以下 5 种稀土材料：①稀土永磁材料。经过 30 年的发展，产业规模、应用技术都达到世界先进水平，主要应用领域为电机、高端微电机、风力发电、汽车等，是我国最重要的稀土应用材料。②稀土储氢材料。在民用电池领域由于受到锂电池的冲击，稀土储氢材料市场用量逐渐萎缩，近几年我国产量维持在 8000～9000 t/年。目前，储氢材料在混合动力电池领域发展势头良好，打破了日本的普锐斯、丰田等企业的垄断。未来，储氢材料有望在电力行业新能源发电储能及燃料电池方面取得重大发展。③稀土抛光材料。它也是我国在全球市场占据主要份额的材料之一，除了传统的水钻、玻璃等低端领域，主要在液晶、平板显示方面发挥重大作用。④稀土发光材料。近几年产业发展势头较好，在电子信息领域的应用开始进入世界前沿，比如稀土激光晶体、稀土闪烁晶体材料。⑤稀土催化材料。主要有石油催化裂化催化剂、汽车尾气净化剂所必须使用的氧化铈。汽车催化剂市场方面原来主要是国外催化剂企业占据，近几年国内企业份额在逐步提高。

4.2 矿区土壤样品采集

4.2.1 土壤采样点设置及采集

土壤污染研究样点采集方法通常分为五点采集法、对角线采集法、网格点采集法、蛇形打点采集法和放射线打点采集法。前两种采集方法适用于面积较小、地势平坦的场地，网格点采集方法适用于中等面积、地势平坦的场地，蛇形打点采集方法适用于较大面积且地势高差较大的场地，放射线打点采集方法是以某一污染源向四周散射线上进行土样采集。白云鄂博矿山通过多种采集方法的对比，选择蛇形打点采集方法进行土壤样品的采集，采样点包含 5 个矿体周边区域、排土场区域、居民区区域、道路(铁路)沿线和宝山选矿厂区域。采样区范围为 E 109°05′～110°23′，N 41°62′～41°89′，根据当地主要风向(西北风)及露天开采特点，共设置 11 个采样点(主要包含目前开采的东矿、西矿和主矿南侧和未开采的东介矿南侧共 4 个点，每个矿周边的排土场共 4 个点，西矿的选矿厂 1 个点，运输火车站 1 个点，矿山公园 1 个点)。每个采样点分别采集 3 个样品(表层 0～20 cm，中层 21～40 cm，底层41～60 cm，共采集 33 个样品)。依照采样点设置图用 GPS 确定点位，用环刀取样(采样点：1 E109° 58′ 31″～N41° 47′ 39″；2 E109° 59′ 51″～N41° 48′ 49″；3 E109° 59′ 53″～N41° 48′ 05″；4 E109° 59′ 37″～N41° 47′ 31″；5 E109° 58′ 11″～N41° 46′ 50″；6 E109° 58′ 04″～N41° 48′ 38″；7 E110° 00′ 30″～N41° 46′ 41″；8 E109° 57′ 28″～N41° 46′ 28″；9 E109° 52′ 48″～N41° 47′ 55″；10 E109° 54′ 19″～N41° 48′ 54″；11 E109° 54′ 58″～N41° 46′ 01″)。采用四分法留样，每采样点采集 5 份1.6 kg 土壤，均匀混合后均分为 4 等份，每份 2 kg，随机保留 1 份土壤装入无菌自封袋备用。供试土壤过 2 mm 土壤筛，高压灭菌锅 121 ℃条件下灭菌 2 h，保证无菌根真菌。土样采集时间为 2021 年 7 月。

4.2.2 土壤理化性质测定

利用 Excel 2010 软件进行数据统计分析。

土壤理化性质包括土壤的物理性质(土壤容重、土壤含水量)和化学性质(pH、有机质、全氮、全磷、全钾),见表 4-1。土壤物理性质中含水量是土壤肥力的直接参考指标,容重是土壤肥力的间接参考指标;土壤化学性质是提高土壤肥力和补充植物所需营养元素的依据。土壤样品的采集与测试须符合参考文件号依次为《土壤环境质量 农用地土壤污染风险管控标准》(GB 15618—2018)、《土壤环境监测技术规范》(HJ/T 166—2019)、《建设用地土壤污染状况调查技术导则》(HJ 25.1—2019)、《场地环境监测技术导则》(HJ 25.2—2014)的要求。

表 4-1 土壤基本理化性质

理化指标	pH	有机质/%	氮/(g/kg)	磷/(g/kg)	钾/(g/kg)	速效氮/(mg/kg)	速效磷/(mg/kg)	速效钾/(mg/kg)	含水量/%
土壤	8.34±0.58	1.50±0.02	0.13±0.01	0.14±0.01	13.39±0.58	69.75±5.44	8.16±1.08	92.55±3.61	5.56±0.05

注:表中数据为 3 个样本的算术平均值±标准差。

4.3 矿区土壤中污染物含量测定

4.3.1 土壤样品处理

样品制备的程序包括自然风干、磨细、过筛、混合和分装。土样制备的目的主要是提高样品检测准确度和防止样品发霉、变质,需要最大限度地去除土壤样品中的其他杂质。土壤样品处理流程:在实验室将样品倒在干净的白纸上,摊成厚 0.5 cm 以下的薄层,用擀面杖压碎,表面均匀风干后翻动,用夹子将所有杂物剔除干净,风干后的土壤通过 2 mm 筛 3 次,烘箱温度 105 ℃烘 4 h,无菌密封袋标号留样,样品一式两份。

4.3.2 土壤中重金属含量测定

土壤样品:将采回的土壤样品置于室内自然风干,之后剔除样品中残根、石块等杂物。风干后样品先用细木棒碾碎,再置于研钵内研磨,过 100 目筛,按四分法弃去多余的部分,保留 200 g,装入自封袋密封保存。称取土样 0.2 g,使用微波消解仪（CPL1-MD8H），在 HNO_3-HCl 消解体系（HNO_3 ∶ HCl＝3 ∶ 1，体积比）下将混合液消解至透明澄清，同时设置空白对照。

土壤样品重金属含量测定实验方法：用微波消解仪将样品消解备用，对 Pb、Cu、Zn 和 Mn 的含量进行分析 ICP 测试。

试验结果如表 4-2 所示。分析 11 个采样点数值可知，靠近矿坑和排土场的位置污染严重，受到开采时间长短和西北风向的影响，北侧低于南侧，东侧低于西侧。此外，土壤重金属含量由表层到深层依次降低。矿区土壤中 Pb、Cu、Mn、Zn 的含量严重超标，分别是内蒙古土壤重金属几何背景值的 15.31、3.32、12.38、8.59 倍，其中 Pb、Mn、Zn 在土壤中积累量更多。根据标准差率数值可知，Pb、Cu、Mn、Zn 的标准差率均超过 1%，依次为 6.61%、1.44%、5.86%、3.14%，属于土壤中严重污染元素。主矿、东矿和西矿露天开采所导致的污染不同，主矿主要是 Cu 污染超标严重，东矿主要是 Mn 超标严重，西矿主要是 Zn 超标严重，和排土场污染物与矿体污染物相关。

表 4-2　白云鄂博矿山土壤中重金属元素含量　　mg/kg

样地	土层	Pb	Cu	Mn	Zn
1 主矿南	0～20 cm	244.5±8.06	85.2±6.27	4772.3±308.44	486.5±358.93
	21～40 cm	242.1±10.33	81.6±7.85	4770.1±401.86	480.7±392.57
	41～60 cm	240.3±17.51	80.7±7.71	4767.5±379.57	479.2±351.85
2 东矿南	0～20 cm	335.2±30.54	29.7±1.50	10530.5±1005.76	581.3±428.62
	21～40 cm	331.8±28.71	29.4±2.11	10496.7±992.64	576.6±438.97
	41～60 cm	328.1±30.40	28.5±2.07	10468.3±938.26	573.4±483.28
3 排土场 4	0～20 cm	323.8±29.52	55.9±4.87	8016.7±738.56	483.9±438.69
	21～40 cm	321.5±31.84	54.3±5.07	8011.2±789.64	482.1±483.20
	41～60 cm	314.2±27.28	51.4±4.99	8006.6±699.57	479.5±359.57
4 东介矿	0～20 cm	227.9±21.05	30.7±2.54	5896.2±546.82	349.8±301.89
	21～40 cm	225.3±20.11	30.1±2.64	5866.4±593.77	345.2±283.55
	41～60 cm	210.8±17.83	28.9±2.76	5436.8±538.92	340.8±290.27
5 矿山公园	0～20 cm	41.6±3.51	23.3±2.34	1366.7±105.76	102.3±9.28
	21～40 cm	40.8±4.05	23.1±2.18	1364.8±92.83	101.0±8.55
	41～60 cm	40.2±3.57	23.0±2.01	1361.2±118.89	101.1±9.08

续表 4-2

样地	土层	Pb	Cu	Mn	Zn
6 排土场 5	0～20 cm	242.6±20.18	62.3±5.08	4747.0±389.28	566.0±40.56
	21～40 cm	239.2±9.28	61.8±4.82	4741.4±411.58	565.8±60.16
	41～60 cm	235.8±12.47	60.9±5.06	4734.8±392.82	557.9±42.07
7 排土场 3	0～20 cm	323.8±25.15	55.9±5.87	8016.7±692.58	483.9±47.82
	21～40 cm	321.5±26.41	54.3±4.23	8011.2±683.28	482.1±41.55
	41～60 cm	314.2±27.58	51.4±4.33	8006.6±733.08	479.5±43.81
8 火车站	0～20 cm	227.9±22.01	30.7±2.05	5896.2±500.28	349.8±35.46
	21～40 cm	225.3±25.70	30.1±3.07	5866.4±483.05	345.2±33.29
	41～60 cm	210.8±14.05	28.9±1.05	5436.8±517.58	340.8±32.58
9 西矿南	0～20 cm	303.1±27.09	45.7±3.57	5141.9±420.83	546.0±42.83
	21～40 cm	300.8±22.58	44.8±3.55	5140.7±439.58	525.8±41.47
	41～60 cm	298.3±23.60	43.8±2.57	5088.4±530.11	517.9±44.20
10 排土场 6	0～20 cm	238.1±21.81	39.8±3.68	4706.2±389.27	467.7±42.81
	21～40 cm	235.0±21.57	38.2±2.96	4679.3±438.28	458.8±41.09
	41～60 cm	229.4±21.85	35.7±4.20	4612.3±382.05	448.2±31.81
11 巴润选矿	0～20 cm	56.4±5.11	25.0±1.55	2099.6±183.57	197.8±15.27
	21～40 cm	55.9±4.05	24.1±1.69	2094.5±189.26	196.4±14.62
	41～60 cm	52.6±4.73	23.5±2.06	2091.3±199.67	191.5±17.52
总平均值		229.66	42.81	5522.52	414.68
内蒙古土壤重金属几何平均值①		15	12.9	446	48.6
标准差系数/%		6.61	1.44	5.86	3.14

注：表中数据为 3 个样本的算术平均值±标准差。

土壤不同重金属元素不同土层间的线性回归分析，见表 4-3。SPSS 软件计算得出相关系数 r 值，测定 r 值来自 $P=0$ 总体的概率是判断 r 所代表的总体是否存

① 中国环境监测总站．中国土壤元素背景值[M]．北京：中国环境科学出版社，1990.

在直线相关。相关系数的标准误差 S_r 和 t 值为：$S_r=[(1-r^2)\div(n-2)]^{1/2}$；$t=(r-P)\div S_r$。在 $P=0$ 时；r/S_r 服从自由度 $df=n-2$ 的 t 分布，可作为统计假设 H_0 ∶ $P=0$；对于 H_A ∶ $P\neq0$。在无效假设下，$t=r/S_r$。

表 4-3　不同土层重金属 Pearson 相关分析结果

土层	元素		Pb	Cu	Mn	Zn
0～20 cm	Pb	相关系数	1			
	Cu		0.869**	1		
	Mn		0.291	0.243	1	
	Zn		0.834**	0.819**	0.054	1
	$^*P<0.05$	$^{**}P<0.01$				
21～40 cm	Pb	相关系数	1			
	Cu		0.873**	1		
	Mn		0.304	0.232	1	
	Zn		0.826**	0.807**	0.057	1
	$^*P<0.05$	$^{**}P<0.01$				
41～60 cm	Pb	相关系数	1			
	Cu		0.874**	1		
	Mn		0.348	0.251	1	
	Zn		0.824**	0.827**	0.116	1
	$^*P<0.05$	$^{**}P<0.01$				

** 表示相关系数极显著（$P\leqslant0.01$），* 表示相关系数显著（$P\leqslant0.05$）。

4.3.3　土壤中轻稀土含量测定

土壤样品轻稀土含量测定试验方法：①土壤样品制备，在实验室将土壤样品以 0.5 cm 厚度平铺在干净的纸上进行自然风干，除去杂物过 200 目筛网 2 次，再用烘箱在 105 ℃温度下烘干 4 h，过 100 目筛网 3 次，称取试验土样和采集的原始土样各 0.20 g，装到 PTFE 坩埚中，加超纯水润湿并加入 3 mL HNO_3 和 2 mL HF，将坩埚放到酒精灯上 130 ℃加热 2 h，再加入 2 mL HF 和 3 mL $HNO_3\cdot3HCl$ 加热 2 h，再加入 0.5 mL $HClO_4$，150 ℃敞口蒸干至坩埚无白烟为止。再先后两次加入 3 mL $HNO_3\cdot3HCl$ 和 0.5 mL $HClO_4$，200 ℃蒸干，等坩埚中残渣呈黑色，再加入 3 mL $HNO_3\cdot3HCl$ 完全溶解后，温度降低到常温后定容到 25 mL 聚乙烯瓶；采用 HYP-320 型消解炉消解，样品测定采用 ICP 仪。

表 4.4 土壤中轻稀土含量 mg/kg

样地	土层/cm	La	Ce	Pr	Nd	Sm	Pm	Eu
1 主矿南	0～20	2216.41±189.27	4049.65±381.28	1172.62±93.81	1415.27±108.81	236.46±21.43	21.49±1.97	52.71±4.28
	21～40	1765.25±152.10	3527.16±307.58	1003.54±73.95	1264.83±103.54	212.37±19.82	18.33±1.88	48.24±4.23
	41～60	1404.91±13.58	3236.76±298.26	876.46±77.86	916.48±8.27	164.82±14.57	13.45±1.08	34.17±2.58
2 东矿南	0～20	2360.95±215.72	4801.13±388.91	1210.38±89.68	1349.40±132.85	221.65±18.91	23.46±2.07	57.16±4.83
	21～40	1850.74±172.62	4049.21±387.85	1068.46±105.81	1139.05±82.99	189.27±19.57	20.11±1.08	52.16±5.28
	41～60	1707.02±189.67	3985.26±368.91	918.51±88.20	972.64±80.51	155.60±12.88	14.56± 1.72	44.34±4.30
3 排土场 4	0～20	5733.29±345.33	7246.36±692.30	2338.64±194.37	3148.17±247.61	280.55±15.93	64.21±8.36	88.32±4.92
	21～40	4629.48±322.57	6572.77±736.49	2129.53±201.48	2876.18±193.72	254.63±19.87	57.54±5.33	80.01±7.61
	41～60	3029.11±235.19	4647.27±294.04	1507.89±120.75	2016.67±188.39	180.04±13.55	40.51±4.93	56.53±6.27
4 东介矿	0～20	381.57±29.44	766.26±53.06	117.28±10.38	170.62±13.74	12.14±1.02	5.39±0.47	8.64±0.22
	21～40	338.23±42.05	570.19±50.48	105.87±9.49	146.43±10.33	10.98±1.36	4.90±0.24	4.91±0.14
	41～60	206.37±100.34	425.83±48.59	65.08±4.78	148.26±15.37	6.94±0.73	3.67±0.86	2.84±0.10
5 矿山公园	0～20	196.73±18.36	385.11±29.25	98.56±10.23	151.61±12.04	11.92±1.06	3.92±0.21	6.31±0.34
	21～40	185.45±15.03	401.02±36.45	89.91±8.32	142.54±11.45	11.26±1.83	4.31±0.38	4.98±0.42
	41～60	136.07±9.35	286.87±29.01	66.27±4.99	101.74±8.29	8.35±0.29	3.51±0.11	4.39±0.13
6 排土场 5	0～20	1262.20±120.72	3474.14±310.57	550.83±42.08	871.11±79.65	42.14±4.28	12.56±1.38	14.47±1.05
	21～40	942.08±80.84	2958.52±270.51	516.79±49.55	815.60±77.28	40.01±3.14	11.67±1.85	13.29±1.51
	41～60	883.49±87.12	2418.36±213.59	453.26±38.38	713.70±61.58	31.79±3.17	9.64±1.73	11.08±1.00

续表 4.4

样地	土层/cm	La	Ce	Pr	Nd	Sm	Pm	Eu
7 排土场 3	0～20	952.93±89.62	1447.22±135.05	427.13±39.64	540.40±50.17	88.30±7.00	13.84±1.64	13.40±1.05
	21～40	750.76±71.05	986.34±83.27	406.16±30.58	492.79±41.05	73.16±6.85	11.34±1.87	11.49±1.67
	41～60	511.29±42.88	840.71±73.28	356.49±38.91	445.31±40.56	65.22±5.67	9.12±0.92	9.37±0.71
8 火车站	0～20	317.28±33.51	653.01±74.29	109.34±9.10	139.03±11.42	12.42±1.02	2.73±0.01	4.55±0.31
	21～40	239.43±22.57	278.49±19.94	84.71±5.03	125.35±12.31	10.95±7.29	2.58±0.15	4.51±0.46
	41～60	100.81±9.92	228.21±31.03	54.45±4.09	81.66±6.25	7.21±0.21	2.02±0.02	3.11±0.31
9 西矿南	0～20	2346.70±213.77	3550.21±350.41	1173.28±107.81	1425.24±118.81	148.39±13.81	35.97±2.57	66.72±4.68
	21～40	2075.36±183.91	2611.72±207.82	1013.54±928.56	1330.46±138.70	127.64±18.47	30.49±2.98	61.05±5.67
	41～60	1447.08±133.84	1447.02±124.89	856.37±74.05	1135.18±117.89	108.65±13.48	25.16±1.73	46.55±4.32
10 排土场 6	0～20	850.77±7.38	1418.83±139.82	447.29±38.51	466.43±45.68	29.46±3.44	14.26±1.67	14.37±1.57
	21～40	801.29±7.25	1258.84±120.88	408.64±37.22	413.64±39.28	25.66±1.84	11.73±1.03	12.61±1.28
	41～60	622.50±5.00	1029.36±78.92	367.66±32.08	384.18±35.08	24.34±1.28	9.20±0.88	9.05±0.85
11 巴润选矿	0～20	523.64±80.61	878.36±59.25	142.09±10.62	219.99±21.26	19.15±5.68	6.49±0.83	8.25±0.68
	21～40	350.15±27.35	746.52±47.53	134.55±12.51	197.56±18.33	15.85±7.45	5.15±0.67	7.05±0.14
	41～60	194.22±16.63	373.57±34.52	85.72±8.52	135.63±11.62	10.15±1.41	3.57±0.73	5.35±0.36
总平均值		1250.93	2168.10	616.69	785.48	85.69	15.72	26.14
内蒙古土壤轻稀土几何平均值		32.80	49.10	5.68	19.20	3.81	1.12	0.81
标准差系数/%		38.72	38.86	105.68	40.35	23.15	13.55	31.95

注：表中数据为 3 个样本的算术平均值±标准差。

通过对矿山土壤中轻稀土含量的测定可知，土壤中测得的7种元素含量由高到低依次为Ce>La>Nd>Pr>Sm>Pm>Eu；依据11个采样点含量由高到低依次为排土场4>东矿南>西矿南>主矿南>排土场5>排土场3>排土场6>巴润选矿>东介矿>火车站>矿山公园；排土场4是国家稀土战略资源库，含量最高；由于东矿、西矿和主矿露天开采轻稀土含量的不同而导致周边土壤中轻稀土含量差异较大；其余区域受距离远近影响，土壤中轻稀土污染由高到低依次降低。各元素标准差率除Pm元素外均高于15%，不同区域之间元素含量差异值较大，不能使用单一元素总平均值作为土壤污染浓度数值进行研究分析。

4.3.4 土壤中放射性核素含量测定

土样选取上，采集深度为0～20 cm的表层土壤。土样在实验室自然风干，剔除样品中杂物，用研磨机处理，土壤放射性核素采用γ能谱仪检测（相对效率66%），伽马能谱仪采集时间为72 h。试验方法参考《高纯锗γ能谱分析通用方法》（GB/T 11713—2015）。由中国安徽辐射管理处测定。

白云鄂博矿区地处内蒙古高原中部草原生态系统，抗干扰能力较弱，土壤中铀和钍核素会对当地植物、牲畜和居民等造成严重影响。有研究表明，白云鄂博矿区周边土壤中钍核素高于全国平均值6倍，其分布含量受西北风向影响使得东南区域浓度最高。土壤中铀和钍核素含量随土层加深而减少，当土层深度达到30 cm以下时，铀和钍核素含量与包头城区一般环境土壤平均值处于同一水平。由表4-5可知，矿区土壤中^{238}U、^{232}Th、^{226}Ra、^{40}K的含量高于城区对照值，分别是内蒙古包头市第三苗圃土壤对照值的1.24、1.10、1.07、1.15倍。根据标准差率数值可知，^{238}U、^{232}Th、^{226}Ra、^{40}K的标准差率依次为0.12%、0.017%、0.04%、0.10%，放射性污染物虽然超过城区对照值，但处于内蒙古环境天然辐射水平值的中部水平。

表4-5 土壤中放射性核素含量 Bq/kg

采样点	核素含量			
	^{238}U	^{232}Th	^{226}Ra	^{40}K
1 主矿南	27.6±1.1	41.0±3.2	24.0±2.9	652.4±59.3
2 东矿南	28.1±2.2	43.3±3.5	24.3±1.8	653.2±62.6
3 排土场4	28.9±1.6	43.7±3.0	25.3±1.0	671.8±53.2
4 东介矿	23.2±0.7	38.7±2.2	22.9±1.7	544.3±57.1
5 矿山公园	21.5±0.9	36.3±3.1	22.3±1.9	526.3±57.8
6 排土场5	25.3±1.0	41.2±2.7	24.5±2.5	621.3±56.5

续表 4-5

采样点	核素含量			
	^{238}U	^{232}Th	^{226}Ra	^{40}K
7 排土场 3	24.0±0.7	38.7±3.8	23.3±2.8	552.5±64.5
8 火车站	22.9±1.1	37.7±1.9	22.5±2.4	533.8±49.8
9 西矿南	26.7±1.3	42.0±2.3	24.2±2.8	592.3±64.3
10 排土场 6	24.2±1.1	38.0±3.0	23.7±3.4	571.0±55.6
11 巴润选矿	23.0±0.9	39.3±2.0	23.7±2.8	553.3±53.9
总平均值	25.04	39.99	23.7	588.38
包头市第三苗圃土壤对照值	20.2±1.0	36.5±1.8	22.1±1.3	513.5±43.6
世界	33	45	32	412
中国	38.5	54.6	37.6	584.0
内蒙古环境天然辐射水平	5—87	8—98	7—88	84—1526
标准差系数/%	0.12	0.07	0.04	0.10

注:表中数据为 3 个样本的算术平均值±标准差。

4.4 矿山植物多样性研究

生物多样性(biodiversity)是表示自然界生物种类多少程度的一个广泛性定义。全世界许多学者都对生物多样性做出了定义。1986 年英国学者 Elliott 认为可将地球划分为多个层次生物多样性。1988 年美国学者 Wilson 认为生命形式的多样性就是生物多样性。1997 年中国学者蒋志刚在《保护生物学》中对生物多样性定义为:生物和环境综合形成的生命复合体以及在形成生命复合体过程中形成的各类生命,包括微生物、动物、植物和基因等综合性复杂的生命系统。1999 年中国学者孙儒泳认为生物多样性是指地球上所有生命的总和。生物多样性包括遗传、物种、生态系统三个层次,其中物种多样性是指动物、植物、微生物的种类丰富性。

植物多样性包括植物种类多样性、生境多样性、营养方式多样性、生命周期多样性和遗传多样性 5 个方面。植物种类多样性是指在设定的区域内所有植物的丰富程度;生境多样性是指在生态环境不同的区域内所有植物分布的均匀程度。植物多样性是唯一衡量矿山研究区植物资源丰富程度的科学指标。矿山植物多样性的研究有 3 个指标:①植物种类的总数,即白云鄂博矿山网围栏内所有的植物种类数量;②植物的密度,即矿山单位面积内的植物种类数目及数量;③优势种比例,指在单位面积区域内某个植物群落中优势种占该地区植物总数的比例。

植物作为生物系统的一个重要组成部分，对于生物多样性和生态环境有着直接、间接和潜在的多种价值。植物多样性在矿山生态修复的研究、项目实施和修复评价过程中具有重要作用。植物多样性是维持植物群落稳定性和影响养分循环的重要因子，二者是矿山生态环境恢复程度的重要衡量指标。矿山的竖向高差和阴阳坡向差异是影响植物生长发育状况、生物量高低、水土保持能力的主要因素，也是影响植物多样性的重要因素。植物多样性不仅能反映植物群落在组成、结构和功能等方面的差异，也可反映不同自然环境条件下与植物群落的相互变化，这是反映植物群落变化和植物群落更迭进程中的一个重要科学指标。植物多样性研究方法包括马加利夫(Margalef)物种丰富度指数、辛普森(Simpson)多样性指数、香浓-维纳(Shannon-Wiener)多样性指数、皮卢(Pielou)均匀度指数。一般使用 SPSS 软件以植物重要值为要素分析多金属矿山植被类型。在计算过程中，首先对矿山每个样方中的各植物高度、盖度、频度进行计算，再计算出同一植物种类的重要值，利用重要值对某个植物种类在这个植物群落中的地位和作用进行评价研究，再根据每个样方内各植物种类的重要值计算出该植物群落的植物多样性指数。

1. 植物多样性指数计算方法

植物多样性指数是指在矿山中某一个空间尺度内所有植物种类调查分析的结果，α、β 和 γ 多样性调查方法通常按空间尺度大小来确定。

α 多样性也称生境内的植物多样性(within-habitat diversity)，是关注局域均匀生境下的植物多样性研究方法；β 多样性也称生境间的植物多样性(between-habitat diversity)，是关注环境梯度不同下植物群落之间植物更替速率的研究方法；γ 多样性也称区域多样性(regional diversity)，是关注大陆尺度空间下的植物多样性研究方法。因此，α 多样性计算方法适合白云鄂博矿山植物多样性的调查研究，计算公式如下：

$$\text{马加利夫物种丰富度指数}\quad D=(S-1)/\ln N \tag{4.1}$$

式中：S 为白云鄂博矿山网围栏内植物种类的总数量，N 为矿山内调查到的所有植物种类的个体总数。

$$\begin{aligned}\text{辛普森多样性指数}\ H &= 1-\sum P_i^{\,2} \\ &=1-[(3/100)^2+(4/100)^2+(5/100)^2+\cdots]\end{aligned} \tag{4.2}$$

式中：P_i 为植物种的个体数量与该植物群落中总个体数量的比值。

$$香浓\text{-}维纳多样性指数\ H' = -\sum P_i \ln P_i \tag{4.3}$$

$$E = H/H_{max} \tag{4.4}$$

式中：H 为矿山植物群落中植物种类的多样性指数，H_{max} 为该矿山中最大的植物种类多样性指数。

2. 矿山植物群落重要值的计算方法

植物群落的相对重要值用植物物种综合数值表示。重要值 V 是植物群落定量指标，通过对植物群落的相对多度 R_D、相对显著度 R_P、相对频度 R_F 和相对盖度 R_C 来分别计算乔木和灌木＋草的植物群落重要值。

$$相对多度\ R_D = \frac{D(某个种的株数)}{\sum D(全部种的总株数)} \times 100\% \tag{4.5}$$

$$相对显著度\ R_P = \frac{P(某个种的断面积)}{\sum P(全部种的总断面积)} \times 100\% \tag{4.6}$$

$$相对频度\ R_F = \frac{F(某个种的频度)}{\sum F(全部种的总频度)} \times 100\% \tag{4.7}$$

$$相对盖度\ R_C = \frac{C(某个种的盖度)}{\sum C(全部种的总盖度)} \times 100\% \tag{4.8}$$

$$乔木重要值\ V = 相对多度\ R_D + 相对频度\ R_F + 相对显著度\ R_P \tag{4.9}$$

$$灌木+草重要值\ V = 相对多度\ R_D + 相对频度\ R_F + 相对盖度\ R_C \tag{4.10}$$

4.4.1 研究区植被概况

研究区植被类型为半干旱草原植被，但随着过度工业活动的增加，土地退化现象十分严重，矿坑、排土场、工业用地区域植被稀少。矿山植物覆盖度采用白云鄂博矿山 1991—2010 年植被覆盖 GIS 分析，通过分析可知：植被覆盖度在 0%～5% 的地区主要在主矿和东矿区域，面积为 1 km^2，占比约 0.69%；植被覆盖度在 5%～15%的区域主要为排土场与城区，面积为 16.4 km^2，占比约 10.85%；植被覆盖度在 15%～25%的区域主要为北部和矿山公园，面积为 48.3 km^2，占比约 31.99%。

主矿、东矿区域地表植被较少，植物的组成以抗旱抗寒的半灌木禾本科植物为主，乔木以办公区人工栽植为主。植物科属主要分布为禾本科、菊科、豆科、松科和杨柳科。西矿地被植物以针茅为主，少有半灌木柠条散植。排土场受到人为开采和运输影响较大，原有草原破坏严重，沿着该区域边缘种植的植物屏障以人工植被与天然植被共同构建，以菊科、禾本科、豆科、杨柳科、榆科、臭柏科、松科为主。随着矿山生态环境修复研究工作的不断深入，矿坑、排土场的工业活动以及当地干旱、寒冷、大风的气候环境对植物生长产生极其不利的影响。矿山北部和办公区有少量的人工植被修复，矿山生态修复采用了北部种植地被植物，西南侧的外围建立矿山公园生态修复的方法。

4.4.2 植物调查方法

2020 年 7 月对白云鄂博矿山网围栏内的植物种类及植物群落开展调查。调查工具包括测绳、胸径尺、钢尺、工具书、相机、GPS、测高仪等。调查内容包括乔、灌木的高度、冠幅、胸(地)径和地被植物的高度。①植物种类及数量调查。按乔木、灌木、地被的植物分类方法进行调查，在整理植物调查数据时增加科和属。②植物群落的调查方法，对白云鄂博矿山整体区域进行蛇形放线法，设置 11 个 20 m×20 m 的植物群落调查样方，在每个样方内再设置 5 个 1 m×1 m 的地被植物样方和 5 个 2 m×2 m 的灌木样方。设置 11 个植物调查样方，在每一个植物样方中选取表现一致、没有明显中断的植物群落片段；在调查样方样线上每隔 5～10 m 设一植物群落样方。调查分析记录样方内所有乔木、灌木、地被植物的种、属、科、株数、盖度和多度等数据。③植物群落区系分析研究参照《中国植被》，将白云鄂博矿山的植物分为常绿乔木和落叶乔木、灌木和半灌木、多年生地被植物和一、二年生地被植物。参照《野生植物资源学》将白云鄂博矿山的植物分为乡土野生植物和外来入侵野生植物。参照《中国种子植物属的分布区类型》将白云鄂博矿山的植物按属的区系地理分布进行划分。参照《内蒙古植物志》将白云鄂博矿山的植物与相关资料对比，确定污染土壤优势指示种，并对其进行物种丰富度和重要值研究，判断植物生态修复效应。

4.4.3 植物多样性研究

本研究于 2020 年 7 月调查白云鄂博矿山网围栏内的植物种类，共计 14 科 18 属 21 种植物，其中以豆科植物、菊科植物、禾本科植物和松科植物为主，如表 4-6 所示。通过与现有文献资料对比，2008 年内蒙古包头市共有植物 95 科、380 属、843 种(其中包括亚种、变种和变型)。2020 年白云鄂博矿山植物分别占 2008 年包头市植物科、属、种总数的 15.79%、6.32%、3.20%。因此，区域对比表明白云鄂博矿山植物种类稀少，时间变化对比表明白云鄂博矿山植物多样性在不断降低。

表 4-6 矿山植物种类列表

类别	植物名称	拉丁名	科	属
野生植被	披碱草	*Elymus dahuricus* Turcz	禾本科	披碱草属
	短花针茅	*Stipa breviflora*	禾本科	针茅属
	石生针茅	*Stipa tianschanica*	禾本科	针茅属
	芨芨草	*Achnatherum splendens*	禾本科	芨芨草属
	狗尾草	*Setaria viridis*	禾本科	狗尾草属
	蒙古冰草	*Agropyron mongolicum*	禾本科	冰草属
	紫花苜蓿	*Medicago sativa*	豆科	苜蓿属
	柠条	*Caragana korshinskii*	豆科	锦鸡儿属
	猫头刺	*Oxytropis aciphylla*	豆科	棘豆属
	直立黄耆	*Astragalus adsurgens*	豆科	黄耆属
	红花岩黄耆	*Hedysarum multijugum*	豆科	岩黄耆属
	沙蒿	*Artemisia desertorum*	菊科	蒿属
	青蒿	*Artemisia carvifolia*	菊科	蒿属
	银背风毛菊	*Saussurea nivea* Turcz	菊科	风毛菊属
	臭柏	*Sabina vulgaris*	柏科	圆柏属
	草麻黄	*Ephedra sinica*	麻黄科	麻黄属
	地皮菜	*Nostoc commune*	念珠藻科	念珠藻属
	猪毛菜	*Salsolacollina*	藜科	猪毛菜属
	紫花地丁	*Viola philippica*	堇菜科	堇菜属
人工植被	毛白杨	*Populus tomentosa*	杨柳科	杨属
	沙枣	*Elaeagnus angustifolia*	胡颓子科	胡颓子属
	柽柳	*Tamarix chinensis*	柽柳科	柽柳属
	樟子松	*Pinus sylvestris*	松科	松属
	油松	*Pinus tabuliformis*	松科	松属
	山榆	*Ulmus davidiana*	榆科	榆属
	山樱桃	*Cerasus tomentosa*	蔷薇科	樱属
	小叶忍冬	*Lonicera microphylla*	忍冬科	忍冬属

4.4.4 植物属的分布区统计

1. 白云鄂博矿山植物属的组成

在白云鄂博矿山网围栏内种子植物共计 24 个属，以属进行统计分析，包含 2 个种以上的有 3 属 6 种，分别占矿山植物总属数、总种数的 12.50%和 22.22%，即针茅属(2 种)、蒿属(2 种)、松属(2 种)，以上属是该区域种子植物区系的优势属。含 1 种植物的属有 21 属 21 种，分别占属、种总数的 87.50%和 77.77%，如披碱草属、芨芨草属、狗尾草属、猪毛菜属等。因此，白云鄂博矿山的植物属多以单种属植物为主。

2. 白云鄂博矿山植物属的地理分布

植物分类中最稳定的单位是属，植物区系的特征和性质可以通过分析白云鄂博矿山的植物属来阐明，因此，白云鄂博矿山网围栏内的植物调查结果对比吴征镒发表的中国种子植物属的分布区类型进行研究和划分，结果如表 4-7 所示。

表 4-7 白云鄂博矿山种子植物属的分布区类型

分布区的类型	属数	占总属数比例
1 世界分布	3	12.50%
2 泛热带分布	2	8.33%
4-7 越南(或中南半岛)至华南(或西南)	1	4.17%
8 北温带分布	14	58.33%
10 旧世界温带分布	2	8.33%
10-3 欧亚和南非洲(有时也在大洋洲)间断	1	4.17%
11 温带亚洲分布	1	4.17%
合计	24	1

白云鄂博矿山网围栏内的 24 个植物属地理分布在 6 个分布区和 2 个变型区。其中世界分布 3 属，占总属数的 12.50%；北温带分布 14 属，占总属数的 58.33%；两个分布区的植物属数占总属数的 70.83%，表明白云鄂博矿山网围栏内的植物区系属于北温带。

世界分布是指某一个植物属分布于世界各地区，且没有明确的分布中心，在本区域分布 3 属，即黄耆属、猪毛菜属、堇菜属，该区域植物属种类较少，但均是当地野生草本植被。泛热带分布 2 属，即狗尾草属、麻黄属，泛热带植物属较少。北温带分布型主要有披碱草属、针茅属、冰草属、棘豆属、岩黄耆属、蒿属、凤毛菊属、圆柏属、杨属、胡颓子属、松属、樱属、忍冬属，该区域植物属分布最多，是主要植物分布类型。旧世界温带分布植物属种类分布3属，即芨芨草属、苜蓿属、柽柳属，植物分布较少。温带亚洲分布1属，即锦鸡儿属，植物分布较少。结果显示，北温带分布占主导作用，其中木本植物种类稀少，分布均匀性差，落叶草本植物较多，少量分布多年生灌木。

4.4.5 植物群落多样性指数研究

植物群落个体丰富程度用Margalef指数表示，植物种类数量丰富程度用Shannon-Wiener指数表示，植物优势度大小用Simpson指数表示，植物群落物种分布的均匀度用Pielou指数表示。如表4-8所示，对白云鄂博矿区的11个采样点的植物群落多样性进行研究，发现植物α多样性指数与矿坑、排土场的距离越近指数越低，距离越远指数越高，表明植物多样性高低与污染源距离成正比。矿山地势的竖向高差也对植物多样性产生影响，呈现出北部地区植物多样性指数低，矿山周围及南部地区植物多样性高的分布特征，表明白云鄂博矿山北高南低的地势间接影响植物多样性。

表4-8 多金属矿山植物多样性

采样点	多样性指数			
	Pielou	Margalef	Simpson	Shannon
1 主矿南	0.35	0.05	0.34	0.26
2 东矿南	0.24	0.04	0.31	0.24
3 排土场4	0.07	0.01	0.07	0.07
4 东介矿	1.12	0.76	0.70	0.64
5 矿山公园	3.07	0.76	1.64	0.88
6 排土场5	0.16	0.02	0.31	0.08
7 排土场3	0.02	0.01	0.05	0.09
8 火车站	2.56	0.82	1.79	0.89
9 西矿南	0.46	0.14	0.57	0.33
10 排土场6	0.21	0.11	0.21	0.24
11 巴润选矿	1.46	0.41	1.84	0.47

植物群落简单，大多以野生植被生长的草本和灌木为主，并有少量乔木，如表4-9所示。共有11种植物，以禾本科、菊科和豆科为主，草本植物是该区域主要植物群落，因此，选出多度、频度和重要值最高的5种灌草植物作为优势植物，分别是短花针茅、青蒿、直立黄耆、银背风毛菊和披碱草。

表 4-9 植物多样性分析

植物	拉丁名	多度	频度	盖度	相对多度	相对频度	相对盖度	重要值
樟子松	*Pinus sylvestris*	2	0.15		33.33	28.85	8.83	71.01
山榆	*Ulmus davidiana*	3	0.26		50.00	50.00	33.27	133.27
毛白杨	*Populus tomentosa*	1	0.11		16.67	21.15	57.90	95.72
披碱草	*Elymus dahuricus*	3	0.13	0.02	8.57	9.03	7.69	25.29
短花针茅	*Stipa breviflora*	11	0.42	0.03	31.43	29.17	11.54	72.13
石生针茅	*Stipa tianschanica*	2	0.12	0.06	5.71	8.33	23.08	37.12
芨芨草	*Achnatherum splendens*	2	0.12	0.02	5.71	8.33	7.69	21.74
青蒿	*Artemisia carvifolia*	9	0.23	0.03	25.71	15.97	11.54	53.22
直立黄耆	*Astragalus adsurgens*	3	0.15	0.02	8.57	10.42	7.69	26.68
银背凤毛菊	*Saussurea nivea*	3	0.14	0.03	8.57	9.72	11.54	29.83
蒙古冰草	*Agropyron mongolicum*	2	0.13	0.05	5.71	9.03	19.23	33.97

4.5 植物体内重金属的含量分布及富集特征

植物修复技术主要是利用绿色植物的新陈代谢活动来固定、降解、提取和挥发土壤或水体中的重金属，是 1996 年由美国科学家 Cunningham 提出来的新型生态环境污染修复技术。植物修复技术包括植物提取、固定、过滤和挥发。土壤中重金属元素污染修复主要是利用植物的超富集特性从根系提取重金属元素，目前植物提取是世界公认的去除土壤环境中重金属元素和有机物污染最重要的方法之一。

重金属元素的超富集植物和富集植物应具备以下特征：①能忍耐土壤中高含量的重金属元素；②在植物采收后其体内的重金属元素含量是普通植物体内重金属元素含量的 100 倍以上；③植物生长快；④植物的富集系数、转移系数均大于 1；⑤具有发达根系。截至目前，全世界总共发现了 500 多种的重金属超富集植物。目前，中国还处于超富集植物的筛选研究阶段。从已有的研究结果来看，酸模、土荆芥、杨梅等是铅(Pb)元素超富集植物；东南景天、长柔毛委陵菜等是锌(Zn)元素超富集植物；鸭跖草等是铜(Cu)元素超富集植物；而宝山堇菜、商陆和龙葵等是镉(Cd)元素超富集植物。从全国来看，据统计，就铅储量而言，内蒙古地区排在云南和广东之后，位于第三位，而锌储量排在云南之后，位列第二，且内蒙古地区其他矿产资源也较丰富。因此，内蒙古白云鄂博矿区的重金属污染也较为严重，但针对该矿区的重金属超富集植物的筛选研究尚无报道。

白云鄂博矿山土壤重金属污染、土壤理化性质差、寒冷、干旱、大风和强日照等是影响植被存活的限制性因子，其中土壤重金属污染是主要限制因子之一。矿山中植物分布极不均衡，靠近矿坑或排土场的区域植被稀少，北侧草原和南侧城区以及西南侧的矿山公园植被较多。土壤中重金属污染严重，在多金属矿山开展植被恢复工程时要根据现有植物体内重金属含量分析结果选择适宜的耐重金属毒害、生命力强、适应性强的优势植物品种，因此，须实地调查矿山植物体内重金属含量及分布特征。富集系数反映植物对污染吸附提取的能力，转移系数反映植物地下器官转移污染到地上器官的能力，根滞留系数反映植物转移污染能力的高低。富集系数、转移系数大于 1 的可作为富集植物应用，富集系数大于 1 且地上器官重金属含量是正常植物体内的 100 倍以上的可作为超富集植物应用。测定分析矿山主要优势植物及其根际土壤的重金属含量，研究植物的富集、转移和根系滞留系数，进而筛选出重金属超富集或耐受型植物品种，为矿山植被生态恢复提供科学依据。

4.5.1 植物样品处理与测定

2020 年 7 月，采用样方调查法筛选出对矿山东侧 5 种长势良好的草本植物，每个样品采集 3 棵留样备用，并在每棵采集的植物根部对应位置采集土壤样品，采集深度 20～40 cm，共采集样品 30 个。植物样品处理方法：植物地上器官和根系分别用超纯水冲洗干净，再反复用超纯水冲洗 3 次，放入烘箱中 55 ℃杀菌 30 min，放入鼓风箱中 55 ℃烘干至恒重。植物样品粉碎后再过 100 目筛 2 次，装入无菌密封袋编号备用。电子天平称 1.0 g 植物样品，并采用 HNO_3-H_2O_2 消解体系进行微波消解，液体透明澄清后装入无菌塑料瓶中备用，同时做空白对照试验。采用电感耦合等离子体发射光谱仪（ICP）测定植物样品中重金属 Pb、Cu、Mn、Zn 元素含量（mg/kg）。

4.5.2 优势植物重金属含量和分布特征

白云鄂博矿山长势良好的优势野生草本植被均具有重金属的耐受性，应在优势植被中筛选重金属 Pb、Cu、Mn、Zn 的富集植物。白云鄂博矿山采集的 5 种优势植物，分析其地上器官和根系的重金属元素含量，并计算富集系数、转移系数和根滞留系数。由表 4-10 可知，5 种植物体内 4 种重金属元素含量依次为 Mn＞Zn＞Pb＞Cu，这 4 种元素在植物体内含量由高到低依次为青蒿＞银背凤毛菊＞披碱草＞直立黄耆＞短花针茅。由高到低所有优势植物重金属元素的富集系数范围为 0.01～0.17，富集系数均小于 1，富集能力弱；转移系数范围为 0.11～0.85，转移系数均小于1,转移能力较弱;根滞留系数范围为0.15~0.95。植物不同重金属元素的富集能力差异性较小,转移和滞留能力差异性较大,其中青蒿体内Mn和Zn的转移系数分别为0.64和0.85,银背凤毛菊体内Zn的转移系数为0.76,可作为耐受性良好的修复植物进行使用。该区域优势植物富集、转移4种重金属的量由大到小依次为Zn>Mn>Pb>Cu,但未能找到重金属的富集植物,不能直接利用当地植物进行土壤重金属污染的修复。

表4-10 土壤、植物重金属含量及植物富集系数、转移系数和根滞留系数

植物	重金属	根际土含量	植物均值/(mg/kg)	地下部分/(mg/kg)	地上部分/(mg/kg)	富集系数/(BCF)	转移系数(BTF)	根滞留系数(RDC)
短花针茅	Pb	222.5	29.03	43.5	9.7	0.13	0.22	0.78
	Cu	29.5	0.52	2.3	0.11	0.02	0.05	0.95
	Mn	5843.8	62.06	89.8	30.3	0.01	0.34	0.66
	Zn	344.8	45.25	50.9	25.7	0.13	0.50	0.50
青蒿	Pb	225.3	38.81	51.8	17.9	0.17	0.35	0.65
	Cu	30.1	1.11	2.4	0.4	0.04	0.17	0.83
	Mn	5866.4	111.71	140.3	90.1	0.02	0.64	0.36
	Zn	345.2	35.99	43.5	36.8	0.10	0.85	0.15
直立黄耆	Pb	222.3	5.78	8.1	4.9	0.03	0.60	0.40
	Cu	32.8	2.14	5.7	1.8	0.07	0.32	0.68
	Mn	5835.6	90.84	145.6	63.3	0.02	0.43	0.57
	Zn	342.8	24.47	29.7	16.2	0.07	0.55	0.45
银背凤毛菊	Pb	218.7	4.62	6.8	2.4	0.02	0.35	0.65
	Cu	30.7	0.50	1.3	0.3	0.02	0.23	0.77
	Mn	5686.3	143.10	172.3	78.9	0.03	0.46	0.54
	Zn	346.8	36.4	43.6	33.2	0.10	0.76	0.24
披碱草	Pb	236.2	2.91	3.3	1.4	0.01	0.42	0.58
	Cu	33.2	0.32	1.9	0.2	0.01	0.11	0.89
	Mn	5865.2	143.17	167.7	92.2	0.02	0.55	0.45
	Zn	344.2	51.2	63.8	35.5	0.15	0.56	0.44

注:富集系数=植物体内重金属含量均值/根际土壤中重金属含量;转移系数=植物地上部分重金属含量/根部重金属含量;根滞留系数=1-转移系数。

图 4-5 为 5 种优势植物的富集系数、转移系数和根滞留系数分布特征，可以看出，富集系数均较低，根滞留系数高于转移系数，说明所有植被均无法将土壤中的重金属元素通过自身进行清除，而是在根部器官中固定下来，表现出耐受性植物的特征。

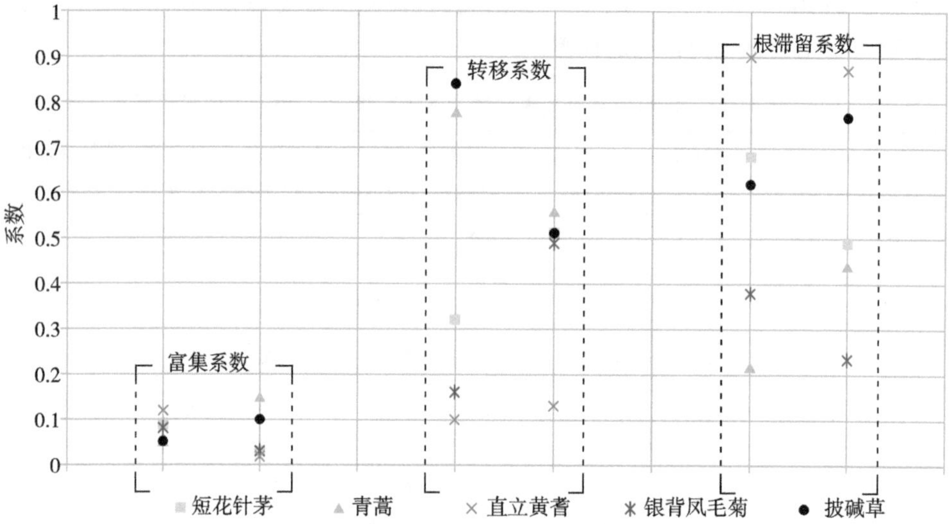

图 4-5　优势植物重金属元素分布特征分析图

4.5.3　植物中重金属元素研究

李俊凯等(2018)和何东等(2013)研究发现，植物体内某重金属元素含量越高，对应的土壤中该元素含量也越高。本研究中，土壤中重金属 Pb、Cu、Mn、Zn 元素的含量与植物体内含量高低特征基本一致，植物体内重金属元素含量高低依次为 Mn＞Zn＞Pb＞Cu，表明植物对重金属元素的吸收受土壤中重金属元素含量高低的直接影响。另外，植物对土壤中重金属元素的富集和转移能力、植物的特性、土壤的理化性质都间接影响着植物体内重金属元素含量，因此，可能会导致同种植物出现修复效应的差异。本研究中 5 种优势植物对重金属 Pb、Cu、Mn、Zn 元素均表现出较强的富集和转移能力，但通过研究分析 5 种优势植物均未达到超富集植物的临界标准。

韩娟(2017)和张栋栋等(2019)研究发现苍耳是 Cu 元素的超富集植物。闫宝环等(2012)研究发现猪毛蒿对 Cd 的富集系数和转移系数均大于 1，具有超富集植物特征，可作为 Cd 的修复植物使用。本研究中比较 5 种优势植物对 4 种重金属的富集系数(BCF)、转移系数(BTF)和根滞留系数(RDC),5种优势植物均呈现出较低的重金属富集和转移能力,不能作为重金属元素的富集植物进行修复使用。

4.6 植物体内轻稀土的分布及富集特征

中国稀土储量占世界总储量的38%,地域分布表现为北轻南重的格局。内蒙古包头市白云鄂博矿轻稀土储量约占中国总储量的85%,轻稀土包括镧(La)、铈(Ce)、镨(Pr)、钕(Nd)、钷(Pm)、钐(Sm)、铕(Eu)7种。李左夫等(2020)和魏光普等(2019)对白云鄂博轻稀土尾矿库(位于包头市城区西南15 km处)的土壤和植物进行了研究,并尝试筛选轻稀土富集植物,发现植物体内轻稀土含量高低与土壤中轻稀土含量高低呈正相关关系,发现胡枝子可以作为轻稀土镧和铈元素的富集植物,碱蓬、小叶锦鸡儿、白刺等可作为耐受性植物进行修复使用。张立锋等(2019)对白云鄂博矿土壤中的7种植物的轻稀土含量中研究发现,二色补血草是富集轻稀土能力最强的植物,可作为轻稀土污染修复植物使用。李小飞(2013)对福建省长廷县离子型稀土矿山的土壤和植物进行研究,发现植物根、茎、叶中的稀土元素含量在不同植物体内分布特点不同,铁芒萁体内离子型稀土含量依次为叶>根>茎,当地其他植物均表现为根>茎>叶。

4.6.1 植物样品处理与测定

2020年7月在白云鄂博矿山东侧与土壤样品采集点相同的位置采集植物样品,采集5种长势良好、生物量基本统一的优势植物,分为根、茎、叶和整株4种形态装入密封袋中,做好标记,在4 ℃冰箱环境中保存。经过超纯水3次清洗,在55 ℃烘箱中烘干、碾碎,每个植物样品留有备用样品,每份样品重量须保留10 g以上。

土壤样品采用NaOH和Na_2O_2溶解,土壤和植物样品用微波消解仪消解(设备参数:功率1500 W,温度240 ℃)。采用电感耦合等离子体质谱仪(ICP)测定土壤和植物样品中的轻稀土元素总量。

4.6.2 植物中轻稀土含量及分布特征

白云鄂博矿山东侧长势良好的5种优势植物具有镧和铈元素的耐受性,在优势植物中筛选修复轻稀土镧和铈元素为主的富集(耐受)植物可以精准修复土壤中的轻稀土污染。分析镧和铈元素的含量,并计算富集系数、转移系数和根滞留系数。由表4-11可知,5种植物体内镧和铈元素含量由高到低依次为青蒿>披碱草

>直立黄耆>短花针茅>银背凤毛菊。5种优势植物镧元素的富集系数范围为0.05～0.12,富集系数均小于1,富集能力弱;转移系数范围为0.10～0.78,转移系数均小于1;根滞留系数范围为0.22～0.90,植物体内富集的镧元素大量留存在地下根系器官。所有优势植物铈元素的富集系数范围为0.02～0.15,富集系数均小于1,富集能力较弱;转移系数范围为0.13～0.56,转移系数均小于1;根滞留系数范围为0.44～0.87。5种优势植物的富集、转移铈元素能力优于镧元素,但未能找到镧和铈元素的富集植物,不能直接利用当地植物进行土壤轻稀土污染的修复。

表4-11 土壤、植物轻稀土含量及植物富集系数、转移系数和根滞留系数

植物	轻稀土	根际土含量/(mg/kg)	植物均值/(mg/kg)	地下部分/(mg/kg)	地上部分/(mg/kg)	富集系数(BCF)	转移系数(BTF)	根滞留系数(RDC)
短花针茅	La	337.23	30.24	45.35	14.54	0.09	0.32	0.68
	Ce	569.19	18.89	32.16	16.31	0.03	0.51	0.49
青蒿	La	338.28	16.69	18.70	14.65	0.05	0.78	0.22
	Ce	563.19	85.78	102.92	57.80	0.15	0.56	0.44
直立黄耆	La	332.24	39.18	61.58	6.31	0.12	0.10	0.90
	Ce	573.52	13.37	60.31	7.88	0.02	0.13	0.87
银背凤毛菊	La	334.63	25.12	53.51	8.53	0.08	0.16	0.84
	Ce	574.25	19.29	38.27	18.70	0.03	0.49	0.51
披碱草	La	337.24	15.33	24.12	9.18	0.05	0.38	0.62
	Ce	563.13	57.65	129.68	30.24	0.10	0.23	0.77

注:BCF=植物体内轻稀土含量均值/根系周边土壤中轻稀土含量;BTF=植物地上器官轻稀土含量/根系轻稀土含量;RDC=1－BTF。

白云鄂博矿区其他研究表明,土壤中铈元素含量最高,其次是镧、镨、钕等元素,7种当地植物体内轻稀土含量范围为62.67～1023.25 mg/kg,铁花中最高,其次是直立黄耆和青蒿,含量分别是482.52 mg/kg和394.11 mg/kg。张立峰等的研究结果与本研究相差较大,可能是由于采样地点不同土壤中轻稀土含量高低不同所导致的。植被生态修复土壤中对轻稀土污染的研究较少,主要原因是富集(耐受)植物难筛选,植物死亡后的灰化处理难等。因此,本研究在白云鄂博矿山东侧筛选出5种长势良好的优势植物,其中外来种1种,野生种4种。结果表明,外来种可以与当地野生种共同生长。通过对5种优势植物地上器官和根系中镧和铈元素含量的测定,筛选富集植物,结果表明,植物富集铈元素的能力优于镧元素。

由图 4-6 可知，在 5 种优势植物的富集系数、转移系数和根系滞留系数的分布特征图中，富集系数均较低，根系滞留系数高于转移系数，说明所有植被均无法将土壤中的镧和铈元素通过自身清除，而是在根部器官中固定下来，表现出耐受性植物的特征。

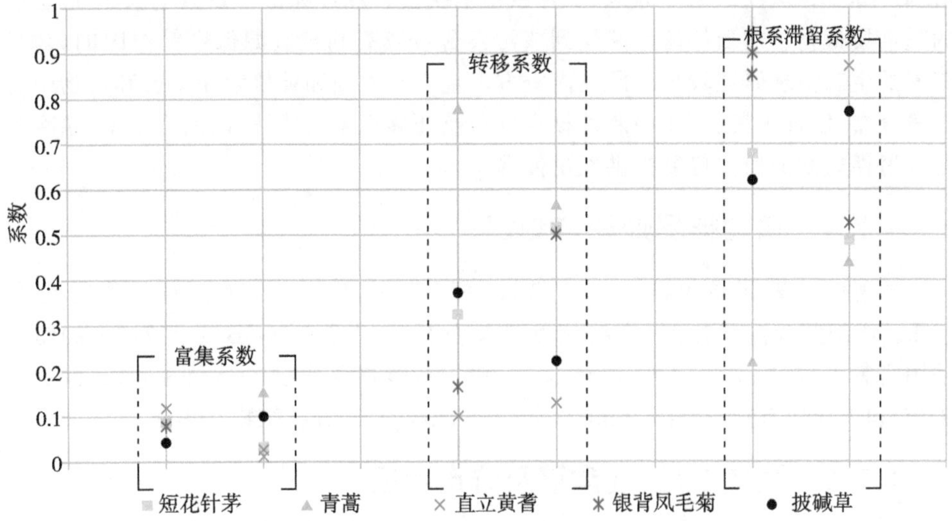

图 4-6　优势植物轻稀土元素分布特征分析

4.7　植物体内放射性核素的分布及富集特征

内蒙古白云鄂博矿是独居石和氟碳铈矿的混合型轻稀土矿床，其伴生钍和铀核素，其中钍核素含量约为 3%。研究表明，露天开采、选矿和排土场堆放导致土壤中放射性核素成分被改变，间接威胁着生态环境系统和当地居民健康。钍、铀核素及其衰变子体均具有放射性，两种放射性元素可通过吃、喝、吸入或者通过植物、动物等其他介质进入人体，慢性效应造成白血病、基因疾病、生长发育迟缓和生殖异常等，当辐射剂量超标时可导致动植物死亡。国际世卫组织 2017 年将钍及其衰变产物列定为一类致癌物。

随着内蒙古轻稀土矿开发利用不断增加，铀和钍核素在生物链中的迁移积累严重威胁着土壤、地下水、植物、动物乃至整个生态系统的安全。钍核素具有放射毒性和化学毒性，同时还危害植物生长发育，导致食物链中毒。研究表明，白云鄂博矿区地表 γ 辐射剂量平均值为 34.1×10^{-8} Gy/h，高于该地区天然辐射剂量

(7.2×10^{-8}Gy/h)。珠芽蓼和尼泊尔酸模可用于铀污染土壤的生态修复;水莎草茎的铀含量高达1.52‰(1520 μg/g),是铀的超富集植物;拟南芥根系铀含量为35 mg/kg,枝器官含量为17 mg/kg,转移系数分别为1.2和0.6;向日葵是修复水中铀核素的首选植物。小飞蓬、白茅和五节芒体内的钍和铀核素高出背景区对照值10~35倍;珠江三角洲等地11种植物中铁芒萁转移和富集系数均大于1,是钍的超富集植物。白云鄂博矿区受到核污染含量较高和核资源保密等原因的影响,核素的生态治理研究较少。研究内蒙古多金属矿中铀和钍核素在土壤和植物中的含量分布,发现土壤、植物中两种核素分布及迁移积累的特征,以期为干旱、寒冷矿区放射性核素的植被修复提供理论依据。

4.7.1 植物样品处理与测定

放射性核素测量仪器为γ能谱仪(相对效率66%),γ能谱仪采集时间为72 h。详细实验方法参照《高纯锗γ能谱分析通用方法》(GB/T 11713—2015)。采用富集系数(bioconcentration factor,BCF),转移系数(biotranslocation factor,BTF)和根滞留系数(root detention coefficient,RDC)分析植物富集能力。

4.7.2 植物中铀、钍含量及分布特征

白云鄂博矿山东侧长势良好的5种优势植物具有铀、钍核素耐受性,在优势植物中筛选修复铀、钍核素的富集(耐受性)植物可以准确修复土壤的核素污染。在东侧土壤采集点附近采集5种优势植物,分析铀和钍核素的含量,并计算富集系数、转移系数和根滞留系数。由表4-12可知,所有优势植物铀核素的富集系数范围为0.01~0.05,富集系数均小于1,富集能力弱;转移系数范围为0.10~0.45,转移系数均小于1,转移能力较弱;根滞留系数范围为0.55~0.90,植物体内富集的铀核素大量留存在地下根系器官。所有优势植物钍核素的富集系数范围为0.01~0.09,富集系数均小于1,富集能力较弱;转移系数范围为0.26~0.84,转移系数均小于1,银背凤毛菊和披碱草转移系数接近1,转移钍核素能力较强;根滞留系数范围为0.16~0.74,短花针茅、青蒿和直立黄耆根系富集了大量的钍核素。5种优势植物的富集、转移钍核素能力优于铀核素,但未能找到铀和钍的富集植物,不能直接利用当地植物进行土壤铀和钍核素修复。

表 4-12 土壤、植物 ^{238}U 和 ^{232}Th 含量及植物富集系数、转移系数和根滞留系数

植物	轻稀土	根际土含量/(Bq/kg)	植物均值/(Bq/kg)	地下部分/(Bq/kg)	地上部分/(Bq/kg)	富集系数(BCF)	转移系数(BTF)	根滞留系数(RDC)
短花针茅	^{238}U	28.9	1.40	4.55	0.40	0.05	0.29	0.71
	^{232}Th	43.1	3.92	5.68	1.02	0.09	0.26	0.74
青蒿	^{238}U	28.7	0.27	0.67	0.12	0.01	0.45	0.55
	^{232}Th	43.3	1.51	2.25	0.74	0.03	0.49	0.51
直立黄耆	^{238}U	28.1	0.80	1.03	0.23	0.03	0.29	0.71
	^{232}Th	43.0	1.13	6.37	0.51	0.03	0.45	0.55
银背凤毛菊	^{238}U	28.4	0.59	0.82	0.06	0.02	0.10	0.90
	^{232}Th	43.5	0.27	7.58	0.20	0.01	0.74	0.26
披碱草	^{238}U	28.1	0.64	0.76	0.14	0.02	0.21	0.79
	^{232}Th	42.9	1.69	7.35	1.42	0.04	0.84	0.16

注:BCF=植物体内放射性核素含量均值/根系周边土壤中放射性核素含量;BTF=植物地上器官放射性核素含量/根系部放射性核素含量;RDC=1−BTF。

白云鄂博矿区地处内蒙古高原中部草原生态系统,抗干扰能力较弱,土壤中铀和钍核素会对当地植物、牲畜和居民等造成严重影响。有研究表明,白云鄂博矿区周边土壤中钍核素高于全国平均值 6 倍,其含量分布受西北风向影响,东南最高。土壤中铀和钍核素含量随土层加深而减少,当土层深 30 cm 以下时,铀和钍核素含量与包头城区一般环境土壤平均值处于同一水平。上述研究结果与本研究相比污染值较高。植被生态修复土壤中放射性核素的研究较少,主要原因是富集(耐受)植物难筛选,植物死亡后的灰化处理难等。因此,本研究在白云鄂博矿山东侧筛选出 5 种长势良好的优势植物,其中外来种 1 种,野生种 4 种,结果表明,外来种可以与当地野生种共同生长。通过对 5 种优势植物地上器官和根系中铀和钍核素含量的测定,筛选富集植物,结果表明,植物富集钍核素的能力优于铀核素,外来种银背凤毛菊和野生种披碱草是该区域富集钍核素最好的植被组合。

由图 4-7 可知 5 种优势植物的富集系数、转移系数和根系滞留系数分布特征,富集系数均较低,根系滞留系数高于转移系数,说明所有植被均无法将土壤中的放射性核素通过自身清除,而是在根部器官中固定下来,表现出耐受性植物的特征。

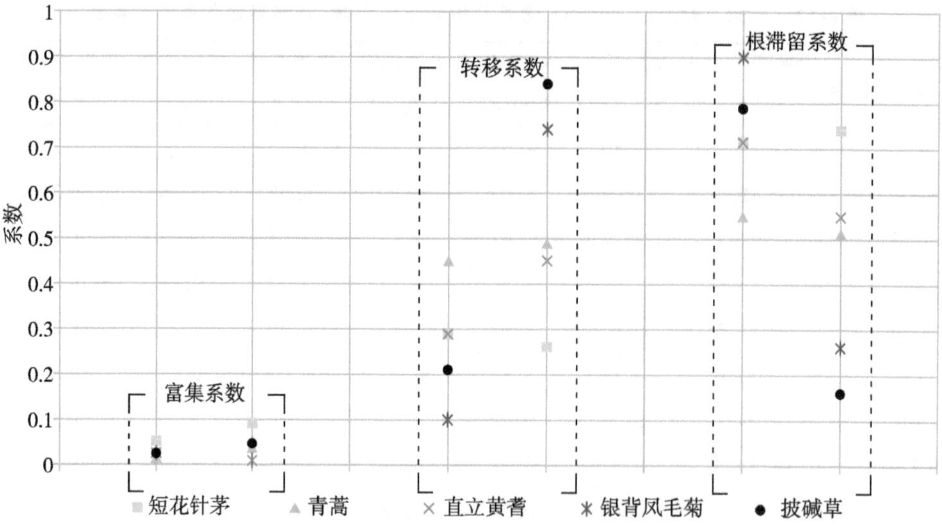

图 4-7 优势植物铀、钍分布特征分析图

4.7.3 植物中铀、钍分布特征研究

土壤受到放射性核素的污染，通过富集、转移迁移到植物体内，虽然未筛选出铀和钍核素的富集植物，但植物体内的放射性核素含量可以有效地进行土壤修复治理。探索野生种结合外来种植被生态修复土壤中铀和钍核素的修复治理研究，可以减少化学修复方法的使用，尽可能避免生态系统的二次污染。

5 植物对镧、铈离子吸收的差异性研究

稀土元素具有易积累，难降解的特点。据统计，全球稀土生产总量的75%进入土壤—地下水—植物—动物等环境体系中，并不断累积和迁移，导致土壤污染及荒漠化、植物停止生长或者死亡、牲畜死亡等多种环境威胁。

植物可以通过根、茎、叶来吸收、转移和固定土壤中累积的稀土离子。植物吸收稀土离子分为主动吸收和被动吸收。有研究表明，小麦对多环芳烃(PAHs)的吸收过程揭示了植物主动吸收的机制；胡枝子对稀土镧和铈元素的富集、转移研究表明了其主动吸收的过程；铁芒萁通过根系的主动吸收被证明是重稀土元素的富集植物。此外，有研究发现铁花(二色补血草)对轻稀土元素和重金属的吸收主要是通过被动吸收来完成的；研究者通过楔叶菊对 La^{3+} 和 Ce^{3+} 轻稀土元素或者香根草对重稀土元素的被动吸收特征研究，确定上述植物为相关稀土元素的耐受性植物。通过对已有研究的分析和总结发现，植物在土壤中吸收稀土元素，其吸收速率往往受到土壤中稀土元素的浓度以及植物种类和植株大小等因素的影响，而其吸收动力学特征曲线可以作为判断是主动吸收或被动吸收的重要依据。因此，在稀土元素以不同离子态进入植物体内时，建立反映植物—稀土离子相互关系的预测分析是揭示植物吸收机制的重要依据。

5.1 矿山修复抗逆性园林植物的选择依据

5.1.1 土壤污染现状分析

内蒙古白云鄂博矿是全世界最大的露天多金属矿山，赋存于白云向斜两翼的H8白云岩与H9板岩的过渡带中，根据铁的边界品位圈定可分为东部接触带、东介勒格勒、东矿、主矿、西矿等五大矿体群。白云鄂博矿床分为南北两部分，地层性质不同，北部地层属于褶皱区系统，南部地层属于地台区系统。铁—稀土—铌混合矿体基本呈东西走向的条带状产出，矿床东起都拉哈拉，西至阿布达，东西长16 km，南北宽3 km。矿山含175种矿物质和71种元素，其中稀土储量约占全球总储量的23%，占中国总储存量的85%左右。该矿由独居石和氟碳镧铈矿为主的7

种稀土矿物组成，稀土是17种元素的总称，在自然界中已发现250余种稀土矿。中国的稀土分布呈现出“北轻南重”的特点，根据原子电子层结构将17种稀土元素分为两类，即北方白云鄂博矿出品的是轻稀土[镧(La)、铈(Ce)、镨(Pr)、钕(Nd)、钷(Pm)、钐(Sm)、铕(Eu)]，南方出品的是重稀土[钆(Gd)、铽(Tb)、镝(Dy)、钬(Ho)、铒(Er)、铥(Tm)、镱(Yb)、镥(Lu)、钪(Sc)、钇(Y)]。

通过2016—2021年与内蒙古科技大学于晓燕等的联合研究发现，矿山目前以稀土开采为主，土壤中稀土污染问题最为严重，是植被生长的最主要限制因子。土壤中的7种稀土元素含量由高到低依次为Ce>La>Nd>Pr>Sm>Pm>Eu。将矿山按功能分为11个采样点，各区域土壤中稀土元素含量由高到低依次为排土场4>东矿南>西矿南>主矿南>排土场5>排土场3>排土场6>巴润选矿>东介矿>火车站>矿山公园；排土场4是国家稀土战略储备场，含量最高；东矿、西矿和主矿露天开采轻稀土含量的不同导致周边土壤中轻稀土含量差异较大；其余区域受距离远近土壤中轻稀土污染由高到低依次减少。稀土各元素标准差率除Pm元素外均高于15%，不同区域之间元素含量差异值较大，不能使用单一元素总平均值作为土壤污染浓度进行研究分析。因此，该矿山土壤中稀土污染的空间分布差异性较大。

研究结果发现，内梅罗综合分析法分析显示轻稀土元素单因子污染指数排土场污染>矿体污染>其他区域污染，排土场4是国家轻稀土战略储备场，污染最高，矿业活动对土壤中轻稀土元素迁移影响较小；地累积法分析出土壤中轻稀土元素地累积指数均超过1，其中La、Ce、Pr、Nd和Sm元素在所有采样点指数均高于3，属于重度污染；主成分分析法分析出外源轻稀土元素输入对当地土壤环境质量的影响严重，La和Ce是土壤中最主要的污染物质；随机森林回归分析出矿业活动和排土场是导致轻稀土La和Ce元素污染的主要原因。La和Ce元素占轻稀土总量的72%左右，而La、Ce元素化合物又多以硫酸态、硝酸态、氯化态等可溶态存在于生态环境体系中。因此，土壤中La、Ce元素是限制植被生长的主要稀土元素。

5.1.2 气候条件分析

白云鄂博矿区属于内陆干燥气候，寒冷、温差大，冬、夏两季温差可达69 ℃，冬季长达7个月，极端低温35.1 ℃，极端高温34.3 ℃，年平均温度2.4 ℃；风沙较大，每年平均7级以上风速有70 d，冬、春两季以西北风为主，夏、秋两季以西南风为主，年平均风速可达5.5 m/s，最大风速可达26 m/s；干旱少雨，年均降雨量不足300 mm，且主要集中在夏季；年平均日照时间3240.4 h。人工植物群落恢复中应选择耐寒、耐旱、抗风的植物，优先选择当地的耐受性植物和先锋植物。

5.1.3 植物多样性现状分析

植物多样性包括植物种类多样性、生境多样性、营养方式多样性、生命周期多样性和遗传多样性5个方面。矿山植物多样性的研究有3个指标:①植物种类的总数,即白云鄂博矿山网围栏内所有的植物种类数量;②植物的密度,即矿山单位面积内的植物种类数目及数量;③优势种比例,指在单位面积区域内某个植物群落中优势种占该地区植物总数的比例。根据白云鄂博矿山1991—2010年植被覆盖GIS分析可知,主矿和东矿区域的植被覆盖度为0%~5%,排土场与城区的植被覆盖度为5%~15%,矿体北部和矿山公园的植被覆盖度为15%~25%,分别占矿山面积的0.69%,10.85%和31.99%,其余面积的植被覆盖度为30%。与内蒙古科技大学联合研究发现,白云鄂博矿山网围栏内的植物种类共计14科18属21种,其中以豆科植物、菊科植物、禾本科植物和松科植物为主,白云鄂博矿山植物分别占包头市植物科、属、种总数的15.79%、6.32%、3.20%。该矿山具有植物种类少、多样性差的特点,其中优势乔木以耐受性植物油松、樟子松为主。

本研究为阐明白云鄂博多金属露天矿耐性植物油松和樟子松对稀土不同形态La^{3+}、Ce^{3+}的吸收和转移机制,通过实验室水培试验分析油松和樟子松在镧和铈元素的硝酸态、氯化态和硫酸态的离子溶液吸收过程和特征。有研究表明逐步迭代的方法可以科学预测植物的吸收总量;研究发现采用逐步多元线性回归可以精准预测十字花科的小白菜对重金属铅Pb吸收有效性。本试验采用线性回归吸收预测的方法进一步研究植物对稀土离子的吸收效率及吸收总量,以期为当地矿区稀土污染的精准治理提供理论依据。

5.2 试验材料与方法

5.2.1 试验材料

供试植物选择一年生樟子松、油松,由内蒙古林业科学院提供长势一致、根系发达、无污染、无病虫害的试验材料。La^{3+}、Ce^{3+}溶液选择可溶形态的镧、铈元素,分别为六水硝酸镧、七水氯化镧、八水硫酸镧,六水硝酸铈、七水氯化铈、八水硫酸铈,试剂由济宁天亿新材料有限公司提供。

材料准备:将幼苗(株高约15 cm)在实验室中去除根系土壤,用超纯水清洗3次以上,保证无土壤和其他杂质,再用吸水滤纸吸干植物体上的水分后备用。采用1000 mL的直口锥形瓶进行镧、铈离子的溶解,每杯定容至500 mL,浓度分别设置为 100、300、500、1000 mg/mL(表 5-1),并置于人工气候箱内 25 ℃进行水培试验;采用保鲜膜封口,避免水蒸发而导致浓度变大,同时设置空白试验组。

表 5-1 供试溶液镧、铈离子浓度

种类	浓度/(mg/L)	定容量/L	分子质量	稀土元素含量/g	种类	浓度/(mg/L)	定容量/L	分子质量	稀土元素含量/g
镧离子 La^{3+}					铈离子 Ce^{3+}				
六水硝酸镧	100	0.5	433.01	0.1559	六水硝酸铈	100	0.5	434.22	0.1549
	300	0.5	433.01	0.4676		300	0.5	434.22	0.4649
	500	0.5	433.01	0.7793		500	0.5	434.22	0.7748
	1000	0.5	433.01	1.5586		1000	0.5	434.22	1.5495
七水氯化镧	100	0.5	317.37	0.1142	七水氯化铈	100	0.5	372.58	0.1329
	300	0.5	317.37	0.3427		300	0.5	372.58	0.3989
	500	0.5	317.37	0.5712		500	0.5	372.58	0.6648
	1000	0.5	317.37	1.1424		1000	0.5	372.58	1.3295
八水硫酸镧	100	0.5	709.8	0.12775	八水硫酸铈	100	0.5	712.54	0.1271
	300	0.5	709.8	0.38325		300	0.5	712.54	0.3814
	500	0.5	709.8	0.6387		500	0.5	712.54	0.63567
	1000	0.5	709.8	1.27749		1000	0.5	712.54	1.27134

5.2.2 试验方法

1. 样品分析方法

测试吸收时间对植物吸收镧、铈离子溶液含量的影响。将植物分别放入各试验浓度的玻璃瓶中,每杯 3 株,分别于 3、6、12、24、36、48、60、72、84、96、108、120、132、144 h 采集植物和水样,同时设置空白对照组(CK)。培养结束后用超纯水清洗干净植株样品后,用吸水滤纸擦干表面水分,烘箱 55 ℃烘干 48 h,植物样品粉碎后再过 100 目筛 2 次,装入无菌密封袋,编号备用。每个植物样品留有备用样,每份样品重量须保留 10 g 以上。电子天平称 1.0 g 植物样品,并采用 HNO_3-$HClO_4$ 消解体系进行微波消解(设备参数:功率 1500 W,温度 240 ℃),液体透明澄清后装入无菌塑料瓶中备用,同时做空白对照试验(相对误差<5%)。采用电感耦合等离子体发射光谱仪(ICP-MS,PerkinElmer NexION 2000)测定整株植物和水中污染

物含量。数据由包钢稀土研究院测定(每次重复 3 次,标准偏差<10%,加标回收法 GBW07602、GBW07425、GBW07403、GBW07402,确保测定精度,镧、铈的回收率为 91%~102%)。

2. 水培液需要添加的稀土元素含量计算公式

需要添加的稀土元素重量(g)=预设浓度×溶液量×分子质量/稀土元素原子量/1000。其中浓度单位是 mg/L,配制的溶液量是 0.5 L,预设浓度为 100、300、500、1000 mg/L(稀土元素可溶态离子浓度)。

5.2.3 植物吸收 La^{3+}、Ce^{3+} 的量与吸收时间的计算公式

1. 植物在水培溶液中吸收 La^{3+}、Ce^{3+} 的量与吸收时间的关系

采用以 e 为底的指数方程拟合:

$$C_t = C_3 e^{kt} \tag{5.1}$$

式中:C_t 为 t 时间植物吸收 La^{3+}、Ce^{3+} 的总量,mg/kg;C_3 为培养 3 h 植物中 La^{3+}、Ce^{3+} 的总量,mg/kg;t 为水培时间,h;k 为樟子松吸收 La^{3+}、Ce^{3+} 的速率常数,h^{-1}。依据此方程可以预测出当介质中 La^{3+}、Ce^{3+} 在不同浓度水培溶液下植物吸收总量随时间的变化。

2. 植物在水培溶液中吸收 La^{3+}、Ce^{3+} 的吸收速率与吸收时间的关系

采用以 e 为底的指数方程拟合:

$$V_t = V_3 e^{-kt} \tag{5.2}$$

式中:V_t 为 t 时间植物吸收 La^{3+}、Ce^{3+} 的平均吸收速率,mg/(kg·h);V_3 为培养 3 h 植物对 La^{3+}、Ce^{3+} 的吸收速率,mg/(kg·h);t 为水培时间,h;k 为植物对 La^{3+}、Ce^{3+} 吸收速率的常数,h^{-1}。该方程可提供植物在不同浓度范围内任意时间对 La^{3+}、Ce^{3+} 溶液的吸收速率。

5.2.4 水培溶液中 La^{3+}、Ce^{3+} 含量随时间变化的计算公式

水培溶液中 La^{3+}、Ce^{3+} 含量随时间变化曲线拟合如下:

$$C_t = C_0 e^{-kt} \tag{5.3}$$

式中:C_t 为不同时间水培溶液中 La^{3+}、Ce^{3+} 的浓度,mg/L;C_0 为水培溶液中 La^{3+}、Ce^{3+} 的初始浓度,mg/L;t 为植物水培的时间,h;k 为 La^{3+}、Ce^{3+} 的消减速率常数,h^{-1}。根据该方程可以得出任意时间溶液中的 La^{3+}、Ce^{3+} 含量变化。

5.2.5 数据统计方法

数据统计与分析采用 Excel 2020 及 SPSS 18 软件进行。

5.3 试验研究结果分析

5.3.1 植物吸收镧、铈离子的含量

(1)由图 5-1 可知，将植物分别放入浓度为 100、300、500、1000 mg/L 的镧、铈水培溶液中，在 3～144 h 的吸收时间内，樟子松体内硫酸镧、硝酸镧和氯化镧的含

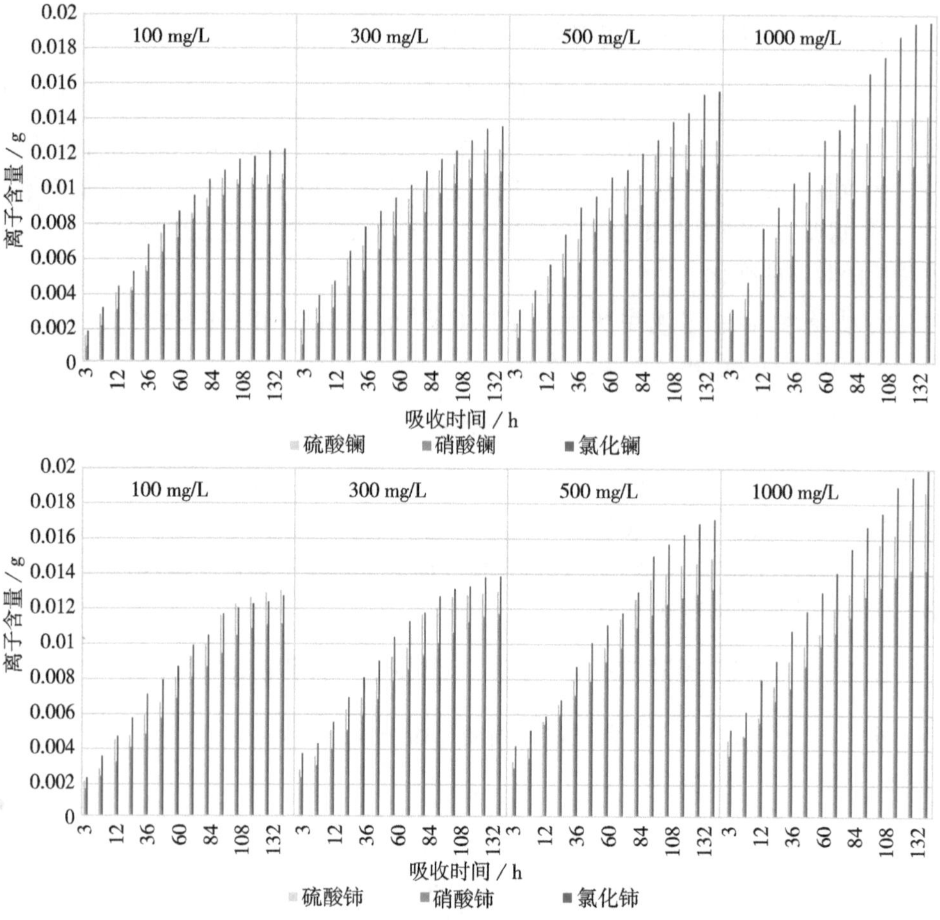

图 5-1　樟子松中镧、铈离子的含量

量范围分别为0.0014～0.0142 g、0.0009～0.0115 g、0.0017～0.0195 g；樟子松体内硫酸铈、硝酸铈、氯化铈的含量范围分别为0.0019～0.0119 g、0.0015～0.0141 g、0.0022～0.0198 g。结果可知，樟子松体内的镧、铈离子含量随着水培溶液的浓度和时间增加不断增加。

(2)由图5-2可知，将油松分别放入100、300、500、1000 mg/L浓度的镧、铈水培溶液中，在3～144 h的吸收时间内，油松体内硫酸镧、硝酸镧和氯化镧的含量范围分别为0.0014～0.0142 g、0.0009～0.0115 g、0.0017～0.0195 g；油松体内硫酸铈、硝酸铈、氯化铈的含量范围分别为0.0019～0.0119 g、0.0015～0.0141 g、0.0022～0.0198 g。结果可知，油松体内的镧、铈离子含量随着水培溶液的浓度和时间增加不断增加。

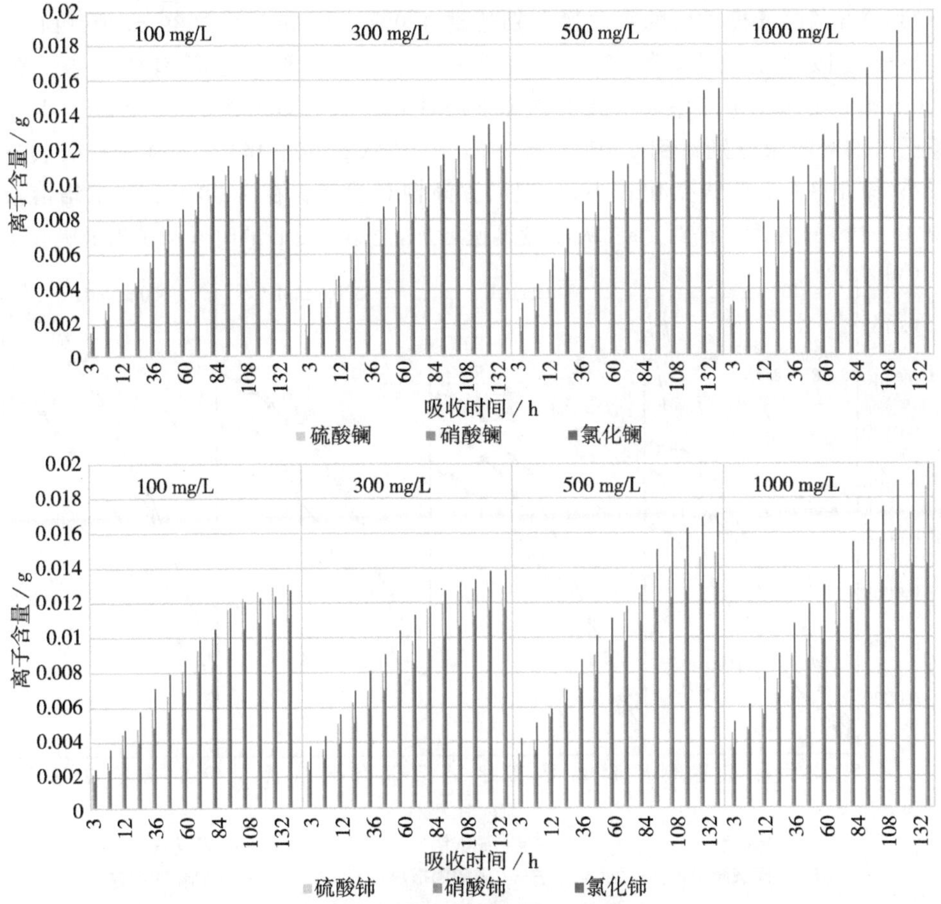

图5-2 油松中镧、铈离子的含量

5.3.2 植物吸收量与吸收时间的关系

1. 植物吸收 La^{3+} 含量与吸收时间的变化

如图 5-3 所示，分别将硫酸镧、硝酸镧和氯化镧浓度设置为 100、300、500、1000 mg/L 的水培溶液。144 h 内樟子松对不同 La^{3+} 吸收总量随时间推移而增加，但增幅逐步减小。根据式(5.1)分析樟子松在不同浓度水培溶液中吸收 La^{3+} 的量与时间关系。在 100 mg/L 的水培溶液中，0～48 h 内樟子松对 La^{3+} 的吸收量迅速增加，至第 48 h 时樟子松的吸收量分别达到 0.0059、0.0036、0.0065 g；48～144 h 内樟子松吸收量明显减少，第 84 h 后吸收曲线变化较小，呈现出逐渐饱和状态。在 300 mg/L 的水培溶液中，0～60 h 内樟子松对 La^{3+} 吸收量迅速增加，至第 60 h 的时候樟子松的吸收量分别达到 0.0074、0.0067、0.0089 g，60～144 h 内樟子松吸收量减少，第 96 h 后曲线变化较小，呈现出逐渐饱和状态。在 500 mg/L 的水培溶液中，0～84 h 内樟子松对 La^{3+} 吸收量迅速增加，至第 84 h 时樟子松的吸收量分别达到 0.0118、0.0095、0.0125 g，84～144 h 内樟子松吸收量减小，第 108 h 后曲线变化较小，呈现出逐渐饱和状态。在 1000 mg/L 水培溶液中，0～120 h 内樟子松对 La^{3+} 吸收量迅速增加，至第 120 h 的时候樟子松的吸收量

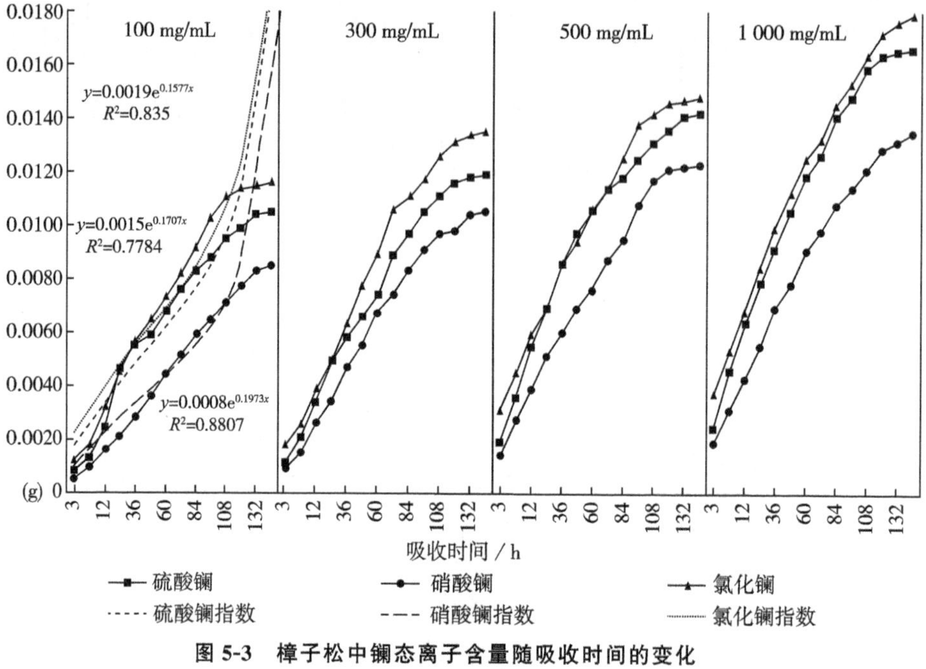

图 5-3 樟子松中镧态离子含量随吸收时间的变化

分别达到 0.0164、0.0129、0.0172 g,120～144 h 内樟子松吸收量减小,第 132 h 后曲线变化较小,呈现出逐渐饱和状态。同时,在空白对照试验中未检测出樟子松体内的 La^{3+} 含量,说明在本试验条件下,无须考虑樟子松叶片从周围空气中吸收 La^{3+} 对试验的影响因素。

如图 5-4 所示,分别将硫酸镧、硝酸镧和氯化镧浓度设置为 100、300、500、1000 mg/L 的水培溶液。144 h 内油松对不同 La^{3+} 吸收总量随时间推移而增加,但增幅逐步减小。根据式(5.1)分析油松在不同浓度水培溶液中吸收 La^{3+} 的量与时间关系。在 100 mg/L 的水培溶液中,0～48 h 内油松对 La^{3+} 的吸收量迅速增加,至第 48 h 时油松的吸收量分别达到 0.074、0.063、0.079 g;48～144 h 内油松吸收量明显减少,第 84 h 后吸收曲线变化较小,呈现出逐渐饱和状态。在 300 mg/L 的水培溶液中,0～72 h 内樟子松对 La^{3+} 吸收量迅速增加,至第 72 h 时油松的吸收量分别达到 0.094、0.079、0.101 g,72～144 h 内油松吸收量减少,第 96 h 后曲线变化较小,呈现出逐渐饱和状态。在 500 mg/L 的水培溶液中,0～84 h 内油松对 La^{3+} 吸收量迅速增加,至第 84 h 时油松的吸收量分别达到 0.114 、0.091、0.120 g,84～144 h 内油松吸收量减小,第 108 h 后曲线变化较小,呈现出逐渐饱和状态。在 1000 mg/L 水培溶液中,0～96 h 内樟子松对 La^{3+} 吸收量

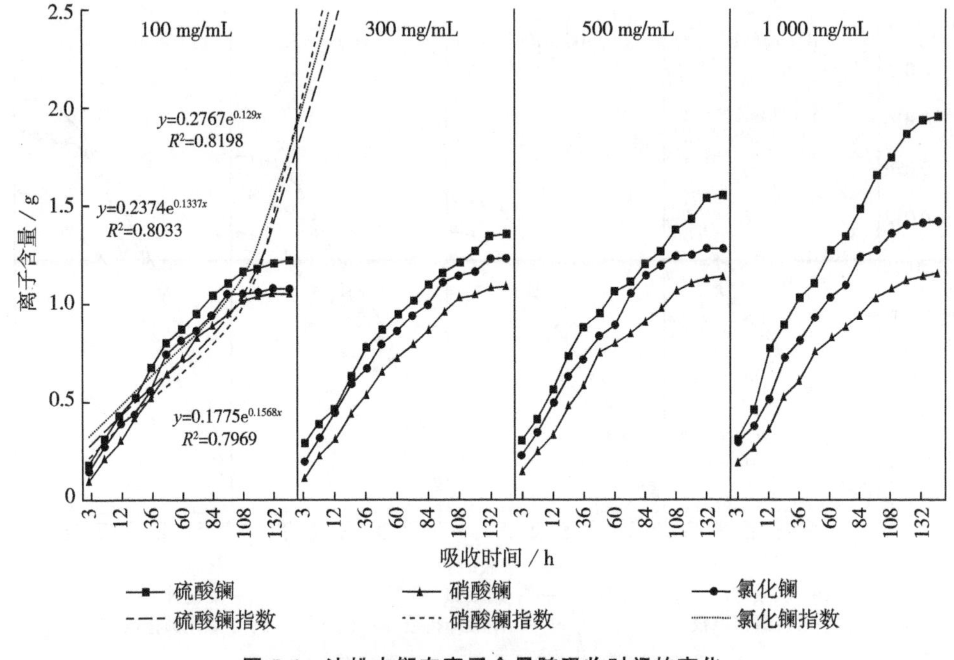

图 5-4 油松中镧态离子含量随吸收时间的变化

迅速增加，至第 96 h 时油松的吸收量分别达到 0.127、0.102、0.166 g，96～144 h 内油松吸收量减小，第 120 h 后曲线变化较小，呈现出逐渐饱和状态。同时，在空白对照试验中未检测出油松体内的 La^{3+} 含量，说明本试验条件下，无须考虑油松叶片从周围空气中吸收 La^{3+} 对试验的影响因素。

2. 植物吸收 Ce^{3+} 含量与吸收时间的变化

如图 5-5 所示，分别将硫酸铈、硝酸铈和氯化铈浓度设置为 100、300、500、1000 mg/L 的水培溶液，144 h 内樟子松对不同 Ce^{3+} 吸收总量随时间推移而增加，但增幅逐步减小。根据式(5.1)分析樟子松在不同浓度水培溶液中吸收 Ce^{3+} 的量与时间关系。在 100 mg/L 的水培溶液中，0～36 h 内樟子松对 Ce^{3+} 的吸收量迅速增加，至第 36 h 时樟子松的吸收量分别达到 0.0051、0.0026、0.0047 g，36～144 h 樟子松吸收量明显减少，第 108 h 后吸收曲线变化较小，呈现出逐渐饱和状态。在 300 mg/L 的水培溶液中，0～60 h 内樟子松对 Ce^{3+} 吸收量迅速增加，至第 60 h 时樟子松的吸收量分别达到 0.0071、0.0055、0.0086 g，60～144 h 内樟子松吸收量减少，第 108 h 后吸收曲线变化较小，呈现出逐渐饱和状态。在 500 mg/L 水溶液中，0～84 h 内樟子松对 Ce^{3+} 吸收量迅速增加，至第 84 h 时樟子松的吸收量分别达到 0.0114、0.0091、0.0121 g，84～144 h 樟子松吸收量减小，第

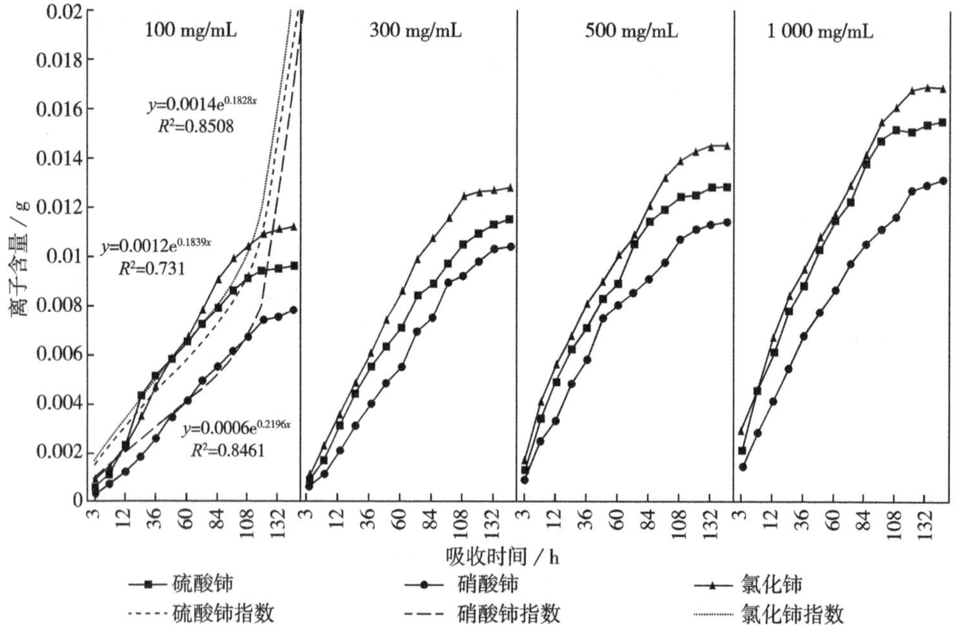

图 5-5　樟子松中铈态离子含量随吸收时间的变化

120 h 后吸收曲线变化较小，呈现出逐渐饱和状态。在 1000 mg/L 水培溶液中，0～108 h 内樟子松对 Ce^{3+} 吸收量迅速增加，至第 108 h 时樟子松的吸收量分别达到 0.0152、0.0116、0.0161 g，108～144 h 内樟子松吸收量减少，第 132 h 后曲线变化较小，呈现出逐渐饱和状态。同时，在空白对照试验中未检测出樟子松体内的 Ce^{3+} 含量。说明在本试验条件下，无须考虑樟子松叶片从周围空气中吸收 Ce^{3+} 对试验的影响因素。

如图 5-6 所示，分别将硫酸铈、硝酸铈和氯化铈设置为 100、300、500、1000 mg/L 浓度的水培溶液，144 h 内油松对不同 Ce^{3+} 吸收总量随时间推移而增加，但增幅逐步减小。根据式(5.1)分析油松在不同浓度水培溶液中吸收 Ce^3 的量与时间关系。在 100 mg/L 浓度的水培溶液中，0～60 h 内油松对 Ce^{3+} 的吸收量迅速增加，至第 60 h 的时候油松的吸收量分别达到 0.079、0.067、0.085 g，60～144 h 油松吸收量明显减少，第 108 h 后吸收曲线变化较小，呈现出逐渐饱和状态。在 300 mg/L 浓度的水培溶液中，0～84 h 内油松对 Ce^{3+} 吸收量迅速增加，至第 84 h 的时候油松的吸收量分别达到 0.115、0.092、0.116 g，84～144 h 内油松吸收量减少，第 108 h 后吸收曲线变化较小，呈现出逐渐饱和状态。在 500 mg/L 水溶液中，0～108 h 内油松对 Ce^{3+} 吸收量迅速增加，至第 108 h 油松的吸收量分别达到0.139、0.121、

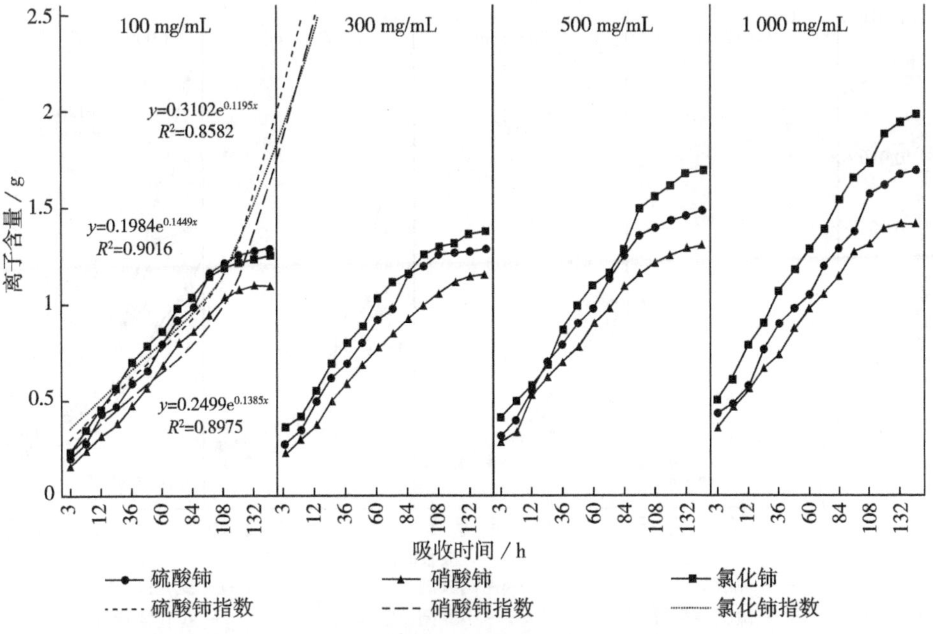

图 5-6　油松中铈态离子含量随吸收时间的变化

0.155 g,108～144 h 油松吸收量减小,第 120 h 后吸收曲线变化较小,呈现出逐渐饱和状态。在 1000 mg/L 水培溶液中,0～132 h 内油松对 Ce^{3+} 吸收量迅速增加,至第 132 h 油松的吸收量分别达到 0.167、0.141、0.194 g,132～144 h 内油松吸收量减少,第 132 h 后曲线变化较小,呈现出逐渐饱和状态。同时,在空白对照试验中未检测出油松体内的 Ce^{3+} 含量。说明在本试验条件下,无须考虑油松叶片从周围空气中吸收 Ce^{3+} 对试验的影响因素。

3. 植物对 La^{3+} 吸收速率与吸收时间的变化

为进一步探讨樟子松在 0～60 h 内对 La^{3+} 的吸收动力速率,用公式(5.2)分析吸收速率与吸收时间的关系。由图 5-7 可知樟子松在不同浓度的吸收速率,在 3～24 h 内下降幅度较大。水培溶液中樟子松在第 24 h 对硫酸镧、硝酸镧和氯化镧的吸收速率与第 3 h 比例为:在 100 mg/L 浓度时分别为 38.39%、56.94%、38.24%;在 300 mg/L 浓度时分别为 38.82%、50.00%、27.16%;在 500 mg/L 浓度时分别为 35.23%、42.86%、30.42%,不同浓度的水培溶液中樟子松对对 La^{3+} 的吸收速率在 24～60 h 以后开始减慢。以 1000 mg/L 浓度的水培溶液为例计算吸收动力学特征,樟子松在第 24 h 时对硫酸镧、硝酸镧和氯化镧的吸收速率为第 3 h 的 20.04%、25.00%、22.18%,平均降低速率分别为 0.036、0.026、0.040 mg/

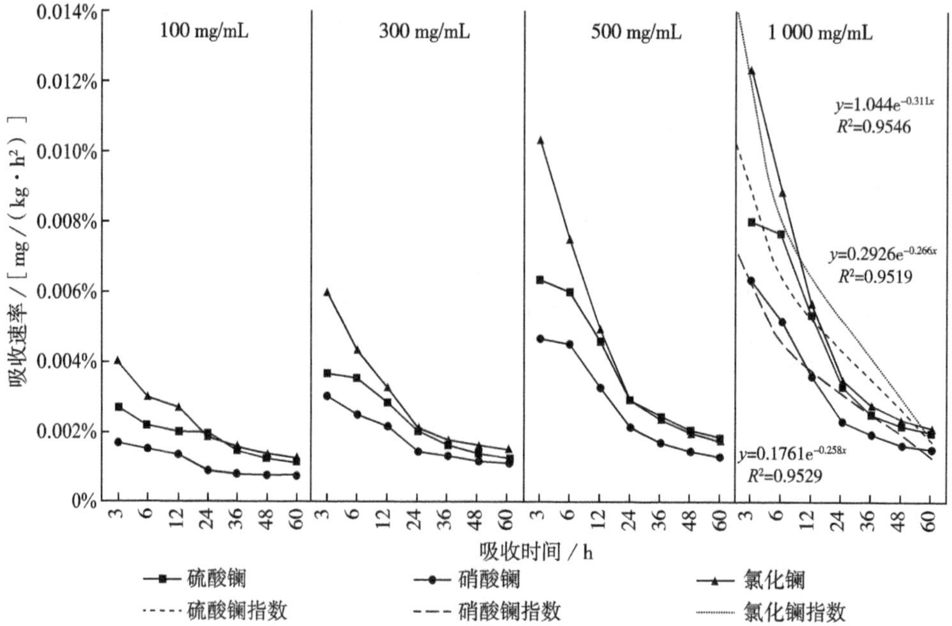

图 5-7 樟子松中镧离子吸收速率随吸收时间的变化

(kg・h²);24～60 h 内吸收速率下降显著减慢,至第 60 h 时为第 3 h 的 23.58%、33.48%、19.79%,此时间段平均降低速率分别为 0.011、0.009、0.014 mg/(kg・h²),降幅低于 3～24 h 阶段。

为进一步探讨油松在 0～48 h 内对 La^{3+} 的吸收动力速率,用公式(5.2)分析吸收速率与吸收时间的关系。由图 5-8 可知,油松在不同浓度条件下的吸收速率,3～24 h 下降幅度较大。第 24 h 油松对硫酸镧、硝酸镧和氯化镧的吸收速率为第 3 h 在 100 mg/L 浓度条件下的分别为 38.39%、56.94%、38.24%;在 300 mg/L 浓度条件下的分别为 38.82%、50.00%、27.16%;在 500 mg/L 浓度条件下的分别为 35.23%、42.86%、30.42%。在不同浓度条件下油松对 La^{3+} 的吸收速率在 24～48 h 以后开始减慢。以 1000 mg/L 浓度条件下代表计算吸收动力学特征,在第 24 h 油松对硫酸镧、硝酸镧和氯化镧的吸收速率为第 3 h 的 20.04%、25.00%、22.18%,平均降低速率分别为 0.036、0.026、0.040 mg/(kg・h²),24～48 h 下降显著减慢,至第 48 h 为第 3 h 的 23.58%、33.48%、19.79%,此时间段平均降低速率分别为 0.011、0.009、0.014 mg/(kg・h²),降幅低于 3～24 h 阶段。

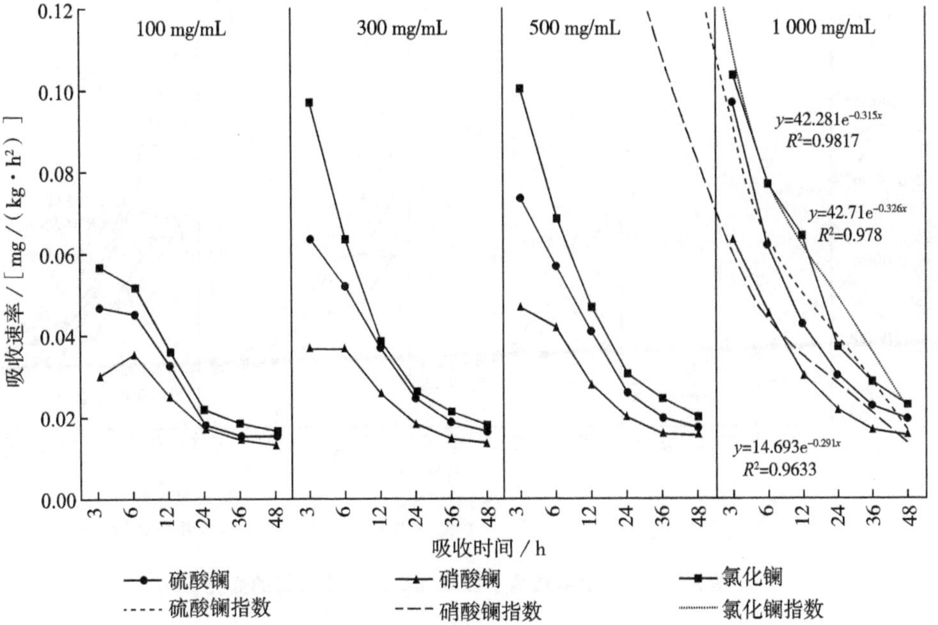

图 5-8 油松中镧离子吸收速率随吸收时间的变化

4. 植物对 Ce^{3+} 吸收速率与吸收时间的变化

用公式(5.2)探讨樟子松在 0～60 h 内对 Ce^{3+} 的吸收动力速率与吸收时间的关系。由图 5-9 可知，樟子松在不同浓度下的吸收速率在 3～24 h 内下降幅度较大。水培溶液中樟子松在第 24 h 对硫酸铈、硝酸铈和氯化铈的吸收速率与第 3 h 比例为：在 100 mg/L 浓度时分别为 30.26%、31.67%、31.82%；在 300 mg/L 浓度时分别为 28.24%、27.84%、24.29%；在 500 mg/L 浓度时分别为 27.82%、27.23%、21.25%，不同浓度的水培溶液中樟子松对 Ce^{3+} 的吸收速率在 24～60 h 以后开始减慢。以 1000 mg/L 浓度的水培溶液为例计算吸收动力学特征，在第 24 h 时樟子松对硫酸铈、硝酸铈和氯化铈的吸收速率为第 3 h 的 21.80%、23.57%、22.70%，平均降低速率分别为 0.097、0.036、0.050 mg/(kg · h^2)；24～60 h 内吸收速率下降显著减慢，至第 60 h 时为第 3 h 的 14.10%、15.36%、14.92%，此时间段平均降低速率分别为 0.021、0.009、0.011 mg/(kg · h^2)，降幅低于 3～24 h 阶段。

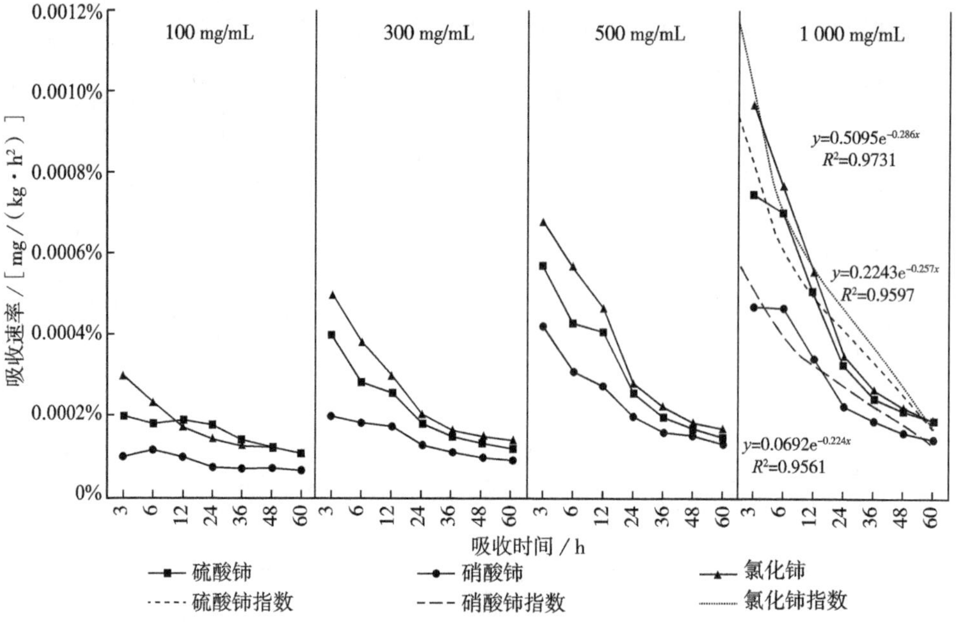

图 5-9 樟子松中铈离子吸收速率随吸收时间的变化

用公式(5.2)探讨油松在 0～48 h 内对 Ce^{3+} 的吸收动力速率与吸收时间的关系。由图 5-10 可知，油松在不同浓度条件下的吸收速率，3～24 h 下降幅度较大，第 24 h 油松对硫酸铈、硝酸铈和氯化铈的吸收速率为第 3 h 在 100 mg/L 浓度条件下的分别为 30.26%、31.67%、31.82%；在 300 mg/L 浓度条件下的分别为 28.24%、27.84%、24.29%；在 500 mg/L 浓度条件下的分别为 27.82%、27.23%、21.25%，在不同浓度条件下油松对 Ce^{3+} 的吸收速率在 24～48 h 以后开始减慢。以 1000 mg/L 浓度条件下代表计算吸收动力学特征，在第 24 h 油松对硫酸铈、硝酸铈和氯化铈的吸收速率为第 3 h 的 21.80%、23.57%、22.70%，平均降低速率分别为 0.097、0.036、0.050 mg/(kg·h^2)，24～48 h 下降减慢，至第 48 h 油松为第 3 h 的 14.10%、15.36%、14.92%，此时间段平均降低速率分别为 0.021、0.009、0.011 mg/(kg·h^2)，降幅低于 3～24 h 阶段。

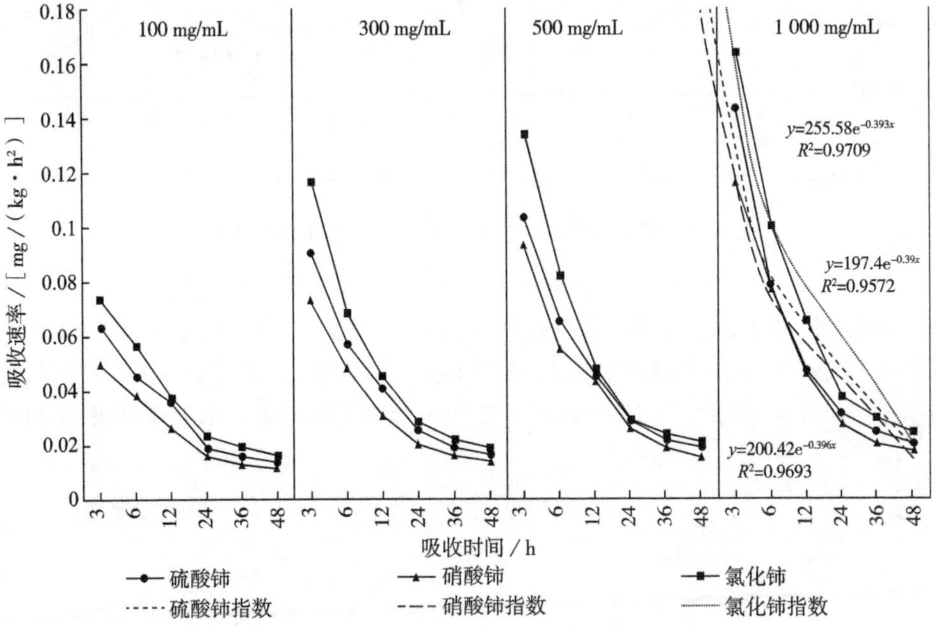

图 5-10 油松中铈离子吸收速率随吸收时间的变化

5. 水培溶液中 La^{3+}、Ce^{3+} 浓度随时间的变化

樟子松在 1000 mg/L 水培溶液中通过 60 h 的试验，溶液中 La^{3+}、Ce^{3+} 含量变化见图 5-11，可知，0～48 h 内溶液中 La^{3+}、Ce^{3+} 浓度下降，其中硫酸铈溶液浓度下降率最高为 3.6%。在前 24 h 内溶液中 La^{3+}、Ce^{3+} 浓度下降较快，最高可达到 0.85%；其中前 3 h 内下降率最高可达到 0.32%，之后下降率逐渐减缓。水培溶液中 La^{3+}、Ce^{3+} 浓度随时间的变化在不断减少，这与樟子松随时间变化吸收量增加基本一致。

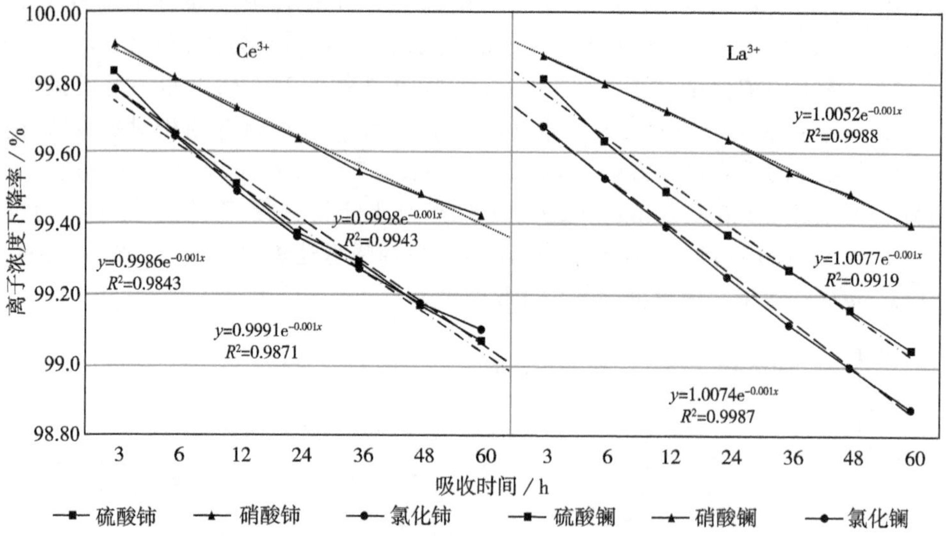

图 5-11　樟子松在水溶液中镧、铈离子浓度随时间的变化

以 1000 mg/L 浓度的镧、铈离子水培试验为例，由图 5-12 可知，0～48 h 内水溶液中镧、铈离子浓度下降，其中硫酸铈溶解的铈离子溶液浓度下降率最高为 3.6%。在前 24 h 内水溶液中镧、铈离子浓度下降较快，可以达到 1%～2.7%，特别是前 3 h 下降率达到 0.4%～0.8%，之后下降率逐渐减缓。水溶液中镧、铈离子

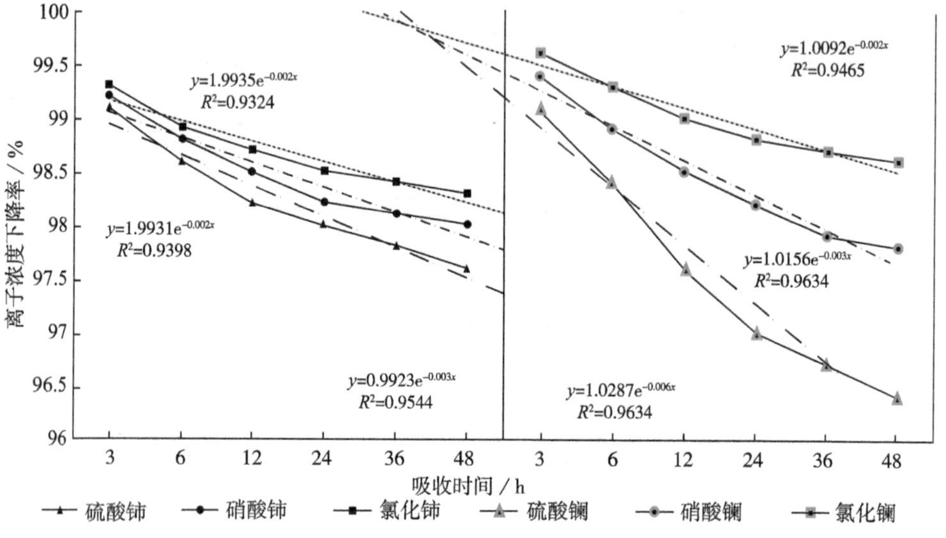

图 5-12　油松在水溶液中镧、铈离子浓度随时间的变化

浓度随时间的变化与油松吸收量随时间变化基本一致。

5.3.3 植物在水培溶液中 La^{3+}、Ce^{3+} 浓度回归预测分析

以 1000 mg/L 的 La^{3+}、Ce^{3+} 水培溶液为例，通过镧、铈不同离子在樟子松和水培溶液中含量变化实测值和预测值之间的关系探讨回归方程的预测效果，由图 5-13 可知，以樟子松中 La^{3+}、Ce^{3+} 含量为因变量，水培溶液中 La^{3+}、Ce^{3+} 含量为自变量，进行一元线性回归预测分析，得出樟子松与溶液中的 La^{3+}、Ce^{3+} 含量极显著相关（$P<0.01$），回归预测分析估计精度最低为氯化铈（$R^2=0.93$，$P<0.01$），最高为硫酸铈（$R^2=0.99$，$P<0.01$）；标准化残差值范围为 $-1.78\sim1.42$，均在 $-3\sim3$ 范围内，预测精度准确。

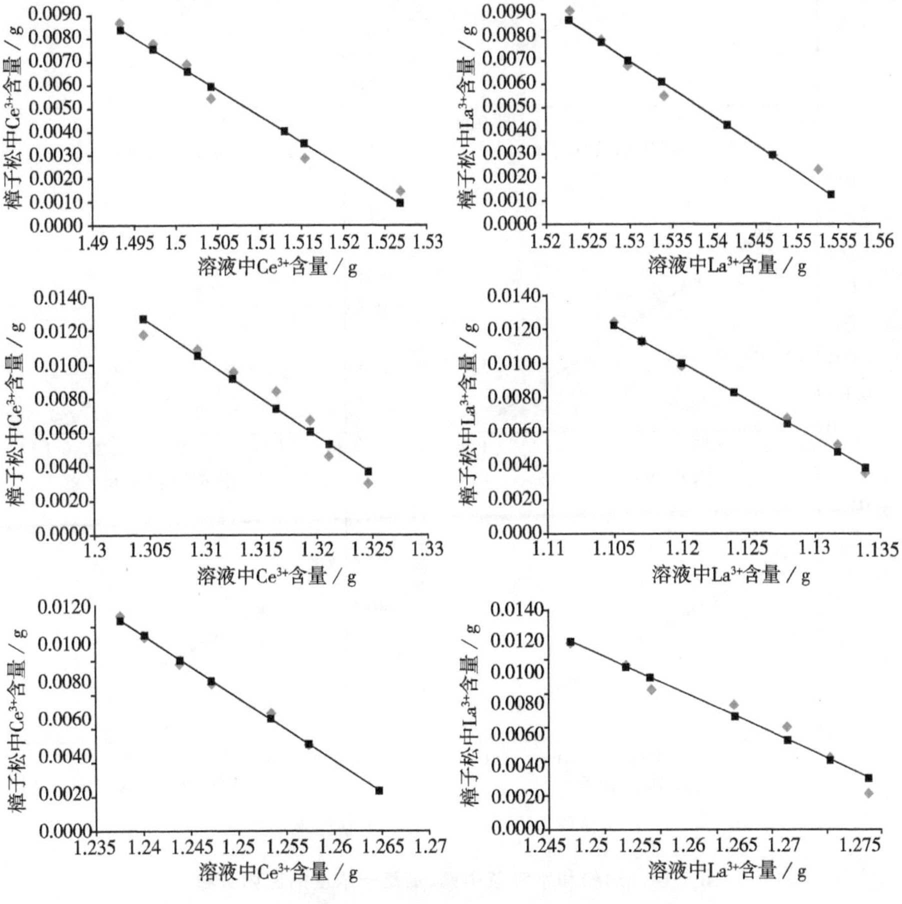

图 5-13 樟子松和水溶液中镧、铈离子浓度的回归分析

以 1000 mg/L 的 La^{3+}、Ce^{3+} 水培试验为例，通过镧、铈不同离子在油松和水培溶液中含量变化的实测值和预测值之间的关系进一步探讨回归方程的预测效果，由图 5-14 可知，以油松中 La^{3+}、Ce^{3+} 含量为因变量，水培溶液中 La^{3+}、Ce^{3+} 含量为自变量，进行一元线性回归预测分析，得出油松与溶液中的 La^{3+}、Ce^{3+} 含量极显著相关（$P<0.01$），回归预测分析估计精度最低为硫酸铈（$R^2=0.92$，$P<0.01$），最高为硝酸镧（$R^2=0.99$，$P<0.01$）；标准化残差值范围为 −2.55～1.99，均在 −3～3 范围内，预测精度准确。

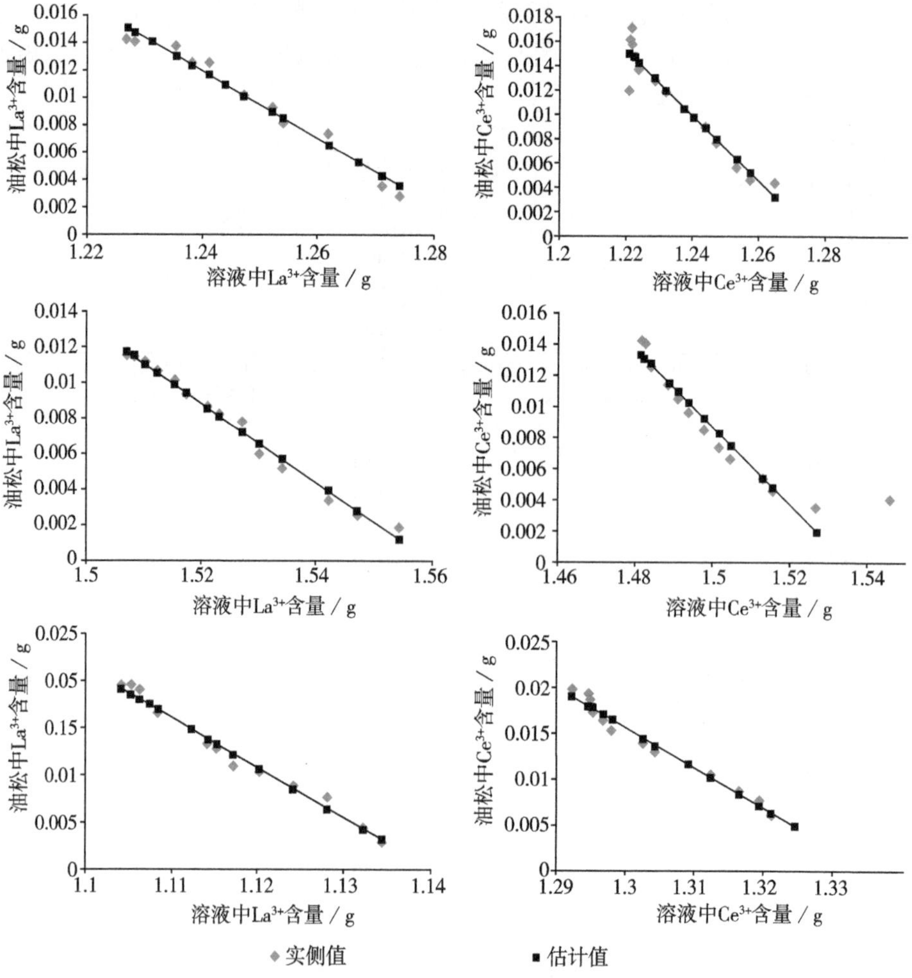

图 5-14 油松和水溶液中镧、铈离子浓度的回归分析

5.4 研究结果与讨论

5.4.1 研究结果

研究表明，白云鄂博矿区土壤和植物中 Ce 元素的平均质量分数分别为 49.95%和 48.55%，Ce 和 La 元素在土壤和植物中总计占稀土总量的 72%左右，因此，Ce 和 La 元素是当地稀土污染重元素储量最多的元素。本研究让樟子松在水培溶液中吸收不同形态的 La^{3+}、Ce^{3+}，随着水培溶液浓度增高，樟子松体内的对应离子含量也增高，硫酸镧、硝酸镧和氯化镧的含量范围分别为 0.0008～0.00166 g、0.0005～0.0135 g、0.0012～0.0179 g，硫酸铈、硝酸铈和氯化铈的含量范围分别为 0.0005～0.0155 g、0.0003～0.0131 g、0.0009～0.0169 g；油松在水培溶液中吸收不同形态的 La^{3+}、Ce^{3+}，随着水培溶液中浓度增高，油松体内的对应离子含量也增高，硫酸镧、硝酸镧和氯化镧的含量范围分别为 0.0014～0.0142 g、0.0009～0.0115 g、0.0017～0.0195 g，硫酸铈、硝酸铈和氯化铈的含量范围分别为 0.0019～0.0119 g、0.0015～0.0141 g、0.0022～0.0198 g。这与当地其他耐受性植物蓼子朴、蒲公英、骆驼蓬等吸收量变化特征一致，呈正相关关系。此外，随着吸收时间增加，樟子松中的 La^{3+}、Ce^{3+} 总量也在不断增加，这说明植物在土壤中和水培溶液中的吸收特征相同，可以采用水培试验进行 La^{3+}、Ce^{3+} 的污染修复研究。

将硫酸镧、硝酸镧和氯化镧，硫酸铈、硝酸铈和氯化铈在水培溶液中的离子浓度分别设置为 100、300、500、1000 mg/L，当水培溶液浓度相同时，樟子松在溶液中的吸收量 $La^{3+}>Ce^{3+}$，且吸收饱和时间也相对滞后，这可能是不同形态的镧、铈污染物含量差异所导致。此外有研究表明，在 La^{3+}、Ce^{3+} 溶液浓度含量中硫酸镧 59.11%＞氯化镧 56.64%＞硝酸镧 32.08%，硫酸铈 70%＞硝酸铈 66.4%＞氯化铈 50.7%，本研究中发现随吸收时间的增加，樟子松吸收总量大小依次为氯化态＞硫酸态＞硝酸态，出现这种差异可能与溶液中 SO_4^{2-}、NO_3^-、Cl^- 以及 pH 影响樟子松的吸收量有关。当水培溶液浓度相同时，油松在溶液中的吸收量 $Ce^{3+}>La^{3+}$，且吸收饱和时间也相对滞后，这可能是不同形态的镧、铈污染物含量差异所导致。此外有研究表明，在 La^{3+}、Ce^{3+} 溶液浓度含量中硫酸镧 59.11%＞氯化镧 56.64%＞硝酸镧 32.08%，硫酸铈 70%＞硝酸铈 66.4%＞氯化铈 50.7%，本研究中发现随吸收时间的增加，油松吸收总量大小依次为氯化态＞硫酸态＞硝酸态，出现这种差异可能与溶液中 SO_4^{2-}、NO_3^-、Cl^- 以及 pH 影响油松吸收量有关。

选取樟子松在水培溶液中吸收速率最快的 0～60 h 内探讨 La^{3+}、Ce^{3+} 的吸收动力速率，樟子松在不同浓度下 3～24 h 吸收速率下降幅度较大，第 24 h 以后开始减慢。以浓度最高的 1000 mg/L 镧、铈水培溶液为例，发现樟子松在 0～60 h 吸收 La^{3+} 的速率高于 Ce^{3+} 的速率，且氯化态>硫酸态>硝酸态，这与樟子松在不同时间内吸收 La^{3+}、Ce^{3+} 含量成正比一致。为进一步确定在不同时间下水培溶液中 La^{3+}、Ce^{3+} 浓度与樟子松体内 La^{3+}、Ce^{3+} 含量的变化关系，构建樟子松—水培溶液之间的一元线性回归分析关系。不同 La^{3+}、Ce^{3+} 的数据拟合显示均有较好的预测效果，尤其是硫酸铈的实测值和预测值相关性最高，预测精度高于其他离子。选取油松在水培溶液中吸收速率最快的 0～48 h 内探讨 La^{3+}、Ce^{3+} 的吸收动力速率，油松在不同浓度条件下 3～24 h 吸收速率下降幅度较大，第 24 h 以后开始减慢。以浓度最高的 1000 mg/L 镧、铈水溶液为例，发现油松在 0～48 h 吸收 Ce^{3+} 的速率高于 La^{3+} 的速率，且氯化态>硫酸态>硝酸态，这与油松在不同时间内吸收镧、铈离子含量成正比一致。为进一步确定在不同时间下水培溶液中镧离子、铈离子浓度与油松体内镧、铈离子含量的变化关系，构建油松—水培溶液之间的一元线性回归分析关系。不同 La^{3+}、Ce^{3+} 的数据拟合显示均有较好的预测效果，尤其是硝酸镧的实测值和预测值相关性最高，预测精度高于其他离子。

5.4.2 研究结论

在不同时间下樟子松吸收水培溶液中 La^{3+}、Ce^{3+}，呈现出水培溶液中 La^{3+}、Ce^{3+} 浓度越高吸收量越多，吸收速率先快后慢并逐渐达到饱和的过程。樟子松和油松作为多年生园林植物，可作为矿山土壤污染的修复植物使用，后期应持续探讨樟子松吸收 La^{3+}、Ce^{3+} 的吸收—饱和—再吸收—再饱和的过程，为探讨修复土壤稀土污染的准确时间提供理论依据。

不同形态的镧、铈配制为 100、300、500、1000 mg/L 离子浓度的溶液，其中回归分析中硫酸铈的预测精度最高，所有离子预测效果良好，樟子松吸收 La^{3+} 速率和含量均高于 Ce^{3+}，因此樟子松修复稀土污染时，需要配植其他优先吸收 Ce^{3+} 的植物，搭配进行修复使用。油松吸收 Ce^{3+} 速率和含量均高于 La^{3+}，因此油松修复稀土污染时，需要配植其他优先吸收 La^{3+} 的植物，搭配进行修复使用。

6 白云鄂博矿山公园一期景观策划

6.1 设计说明

1.设计背景

白云鄂博，蒙语又名为“白云博格都”，意为“富饶的神山”。白云鄂博因其丰富的矿产资源，闻名国内外。白云鄂博矿区位于阴山之北的乌兰察布西北部，属内陆干燥气候区，低温少雨、干旱多风，温差变化大。矿区的矿产资源十分丰富，是中国最大的铁—氟—稀土综合矿床，稀土矿和铌矿资源居全国之首。因此，又有“稀土之都”的美誉。

白云鄂博矿山公园一期项目位于白云鄂博矿山西南侧。白云鄂博多金属矿山(E 109°05′～110°23′，N 41°62′～41°89′)南北长 32 km，东西宽 18 km，面积约为 328.64 km^2，矿区面积约为 10 km^2。矿区东部、北部是山地，西部、南部是高平原台地，中部是盆地，最高海拔约 1783.9 m，平均海拔约 1605 m。

和国内外许多资源型城市及开采区一样，白云鄂博也留下了许多“后遗症”，有废矿坑、盐渍地、垃圾填埋区、岩石裸露区、煤渣土和石沙土区等多种环境问题区域(图 6-1)。另外，该地多风少雨，可生存的乔、灌木等品种极少，水资源还非常匮乏，只有牧民开挖的集水坑可以临时取水。矿区内只有高处部分区域有土壤覆盖，

图 6-1 矿山现状图

厚度仅为 5～10 cm，80％以上的区域均为沙石土质，低处均为垃圾填埋区，表层只有 5～10 cm 厚的可用种植土。因而要想完成矿区生态治理，恢复青山绿水，实现休闲、娱乐、优化人居环境将面临很大的技术难题。

2. 设计目的及意义

在满足矿山废弃地环境治理和功能置换的前提下，推进生态康养旅游观光和科普文化教育，对整个园区的功能进行补充及升华，设计中以实现戏水探险游览，带动生态康养度假，跟进科普文化，打破白云鄂博矿区功能单一的现状，完善矿区内的服务功能，丰富矿区旅游业态，提高矿区的服务质量和游客数量，为矿区增色、创效益的同时实现自身价值。

社会的进步和经济的发展不能靠牺牲环境和资源为代价，矿山公园的建设可以解决废弃矿山所造成的一系列社会、经济、环境问题。此次矿山公园的设计，利用原有的矿山特有地形、遗留矿坑、水体、土壤等资源，结合生态学、美学、经济学、工程学等学科对矿业废弃地进行合理的设计与规划，在恢复生态的同时，开展矿业遗迹展示、科普知识教育、生产与观光，以此达到废弃土地再利用、复兴矿业城镇衰败产业、传承矿业文化的目标。

3. 场地现状分析

(1)区位分析　白云鄂博矿山公园一期项目北侧与白云鄂博矿山相连，地块南面连接城市主干道矿山路，距离白云鄂博站 800 m，地块面积约 50.2 hm^2，呈不规则形状，南北长 1 km，东西宽 1.2 km。

地块周边居住用地居多，主要分布在南侧。综合周边道路及用地分布，可在南侧设置出入口。周边有城市主次干道，交通便利，居住区普遍位于基地南侧，并配套政府机关、学校、医院、公园、百货商场等，北侧为工业区，受重金属、轻稀土和放射性核素污染比较严重。基地位于城区边缘，建筑大多集中在西南方向，主要以中低层为主。

(2)气候分析　白云鄂博矿山公园一期属半干旱中温带大陆性季风气候，全年平均气温为 6 ℃，年平均风速 1.2 m/s，年降水总量 321.8 mm，年日照时数 2882.2 h。

(3)土壤分析　基地土壤覆盖率较少，根据不同的土壤问题将不同区域进行相对细致的划分，分为岩石裸露区域、煤渣土区域、垃圾回填土区域、盐碱地区域、石质土区域、斑秃地表区域等。矿区高程较高的区域只有少部分有厚度 5～10 cm 的土壤覆盖，而其中至少有 80％为沙石质土壤，高程较低的地方大多为垃圾填埋区，表层依旧只有5～10 cm 可以用来种植的土壤。土壤稀缺的同时还有重金属污染的问题,白云鄂博矿区开采后基本上丧失了之前所具备的草原生态功能,环境恶劣,尾矿的土壤生态修复刻不容缓。

4. 设计理念

以矿山生态环境修复、景观生态重构和矿业文化的传承为基本理念,以"激活白云鄂博矿区,构建人居环境"为设计主题,充分考虑人—植物—动物—环境系统—生态系统—可持续发展的动态关系,将矿山的文化和公园的功能、景点作为规划中连接的纽带,统筹在包头市城乡建设系统中,采取多种方法实现白云鄂博矿山公园的生态和文化景观重构。

5. 设计策略

该场地内冬季以西风和西北风为主,考虑到西北部矿山形成的扬尘、微粒、矿渣等会通过风的作用力进入场地,在矿山和场地之间布置阻隔林带(图 6-2)。林带以常绿乔木为主,落叶乔木结合灌木的种植模式,设置规格为疏透度<0.1、宽度 80～220 m;在金属化污染比较严重的区域,筛选适于当地寒冷、干旱、重金属污染条件下的富集和耐性植物,如二色补血草;为净化地下水,在场地标高最高处和最低处分别设置深根系植物,利用根系阻隔污染物扩散,如芦苇、千屈菜;在剩余的区域内,主要用土壤修复的植物,用灌木和草本植物(如豆科的苜蓿)改良土壤的有机质,增加土壤肥力与水土保持。最后对西北侧的防护林带等植物群落进行植物景观设计补植,对场地周边的局部区域种植耐旱灌木,如珍珠梅、绣线菊,形成场地与外界的绿植背景,在经过富集植物修复后土壤条件明显提升的区域以及活动场地的入口区域增加开花草本植物与灌木,如华北蓝盆花、五彩石竹。

6.2　生态修复技术分析

1. 植生毯

植生毯是将一定规格的植物纤维或合成纤维毯与种子植生袋复合在一起的具有一定厚度的水土保持产品(图 6-3),具新型一体化成型结构,抗流速可达 4 m/s;施工后可快速达到绿化效果,可保证草种高成活率;工期短,且可直接人力施工;具有运输方便、节约成本、性价比高、美观、极少维护、生态自然等特点;适宜的施工时间为 5—10 月。在本次设计中主要用于湿地、旱溪及周边的生态治理。

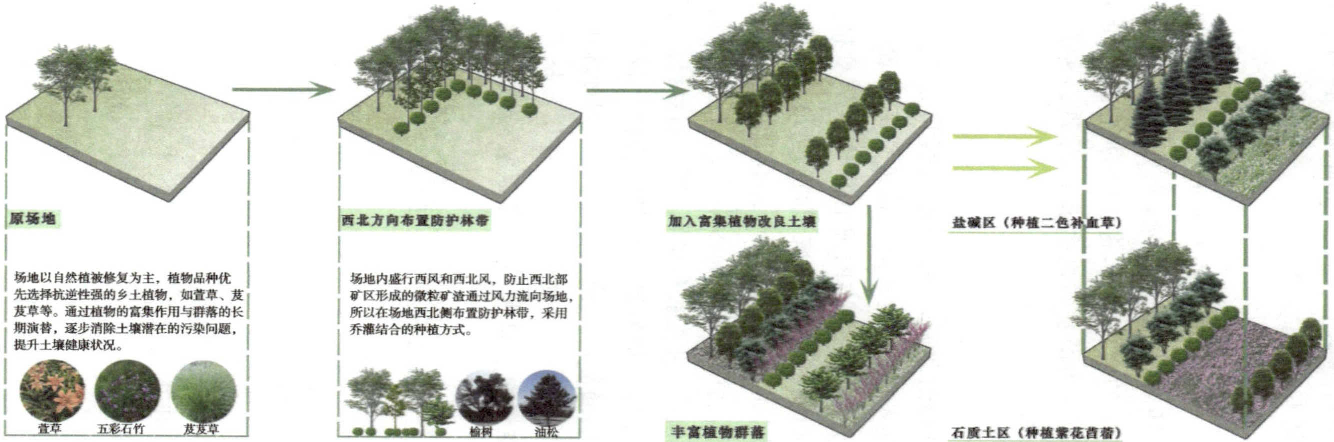
原场地
场地以自然植被修复为主，植物品种优先选择抗逆性强的乡土植物，如萱草、芨芨草等。通过植物的富集作用与群落的长期演替，逐步消除土壤潜在的污染问题，提升土壤健康状况。
萱草
五彩石竹
芨芨草
西北方向布置防护林带
场地内盛行西风和西北风，防止西北部矿区形成的微粒矿渣通过风力流向场地，所以在场地西北侧布置防护林带，采用乔灌结合的种植方式。
榆树
油松
加入富集植物改良土壤
丰富植物群落
盐碱区（种植二色补血草）
石质土区（种植紫花苜蓿）

图 6-2　植物修复示意图

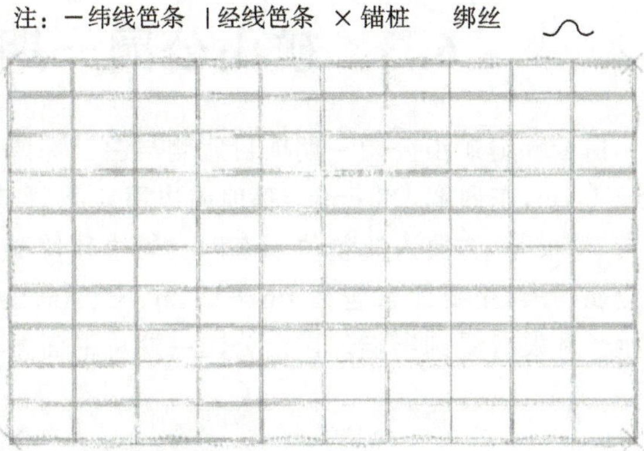

图 6-3　植生毯修复示意图

2. 生物笆

生物笆是根据矿山排土场土壤贫瘠、生长地表面温度高、易发生地表径流等特点研制出的一种护坡绿化的新型生物材料（图 6-4），是利用柳条、柠条、沙棘等可再生生物材料，人工编织成不同规格的网状篱笆。生物笆可以有效控制坡面风沙流，也可以依靠其自身的吸纳阻隔作用聚集扬沙以及植物枝叶；还可以增加网格内的表面腐殖质土层厚度，提高土壤肥力，加速绿化速度，提高绿化效果。此外，生物笆具有保持水土、防止地表径流、涵养水源的功能。人工种植生物笆，可以使受损的植被系统得以恢复重建，建立起植被结构相对稳定的群落系统。

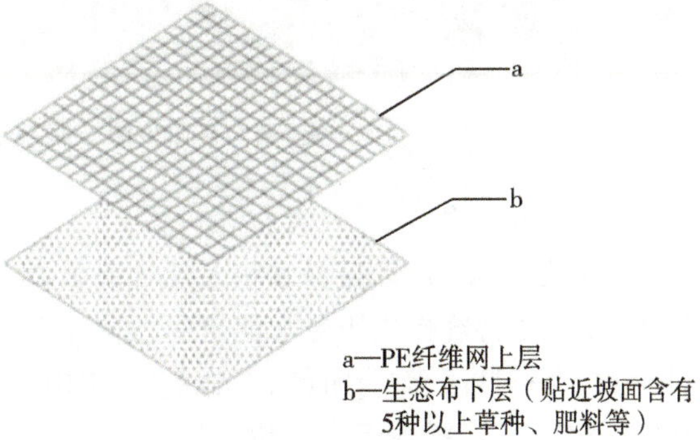

图 6-4　生物笆修复示意图

6.3 矿山公园一期规划设计

白云鄂博矿山公园一期项目北侧与白云鄂博矿山相连，基地呈不规则形状，南北长 1 km，东西宽 1.2 km。基地周边用地类型丰富，交通便利，南面有居住区、商业街、学校等，主要人流量位于南侧。周边环境受到了一定程度的污染，土壤存在重金属污染，主要元素包括 Pb、Cu、Zn、Ni、As、La、Ce、Tu、U 等，并且大部分植物的生长和发育受到影响。矿山公园一期总平面图见图 6-5。

图 6-5　矿山公园一期总平面图

1. 总体功能分区

根据规划要求、设计目标和基地现状资源，本着生态修复、休闲健身、文化转译和传承，以及为游客提供服务功能空间的设计定位，将矿山公园划分为 9 个功能区域，即植物生态群落、健身游园、中心草场、矿山地貌科普区、矿山植物展览馆、高台广场、乐活集会区、湿地亲水区和旱溪(图 6-6)。

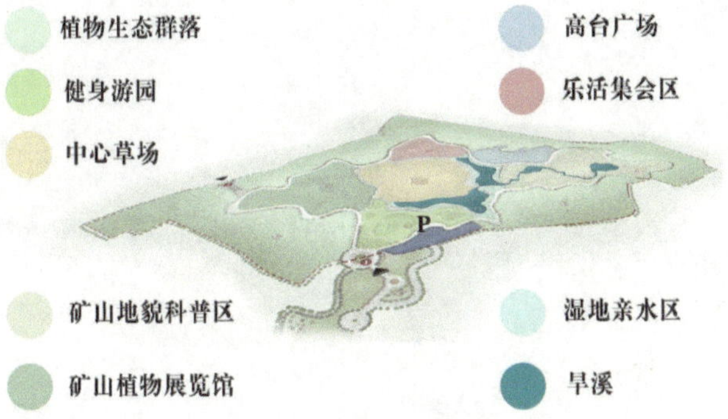

图 6-6　公园功能分区图

2. 道路交通规划

白云鄂博矿山公园规划设计项目中的道路交通规划，结合功能分区和景观布局，同时兼顾内外交通联系和有效组织园区游览路线，形成主次分明、生产管理与休闲观光便捷高效的道路交通系统。整个园区道路分为一级路、二级路、三级路三级层次，并形成网状道路系统结构，设 3 个出入口(图 6-7)。

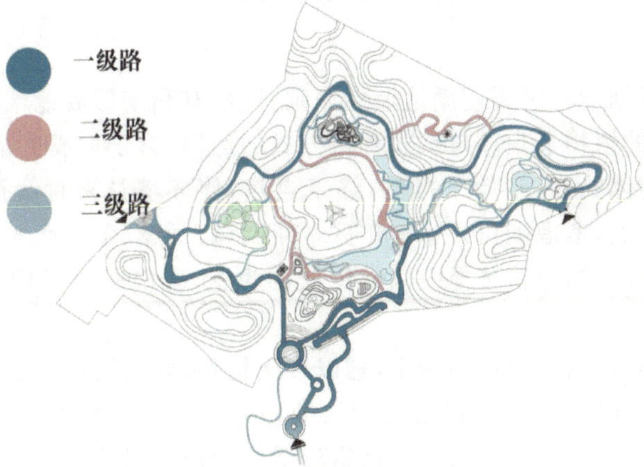

图 6-7　公园道路规划图

3. 景观轴线

以景观生态学、行为心理学、规划学等学科的理论原则为指导，分析基址规划、现有地势环境和植被资源等，设计为“两轴多节点”的景观规划布局。轴线自西向东串联植物展览、草原风貌、旱溪、矿山科普等景点；自南向北串联小游园、儿童乐园等景点(图 6-8)。

图 6-8 公园景观轴线分析图

4. 照明规划

根据道路系统、基础设施等,建设流线型、聚集型的照明系统,重视矿山公园的夜景效果,在形式上、颜色上进行别出心裁的设计。

5. 植物规划

植物景观规划设计需要遵循地域性原则,这样有利于形成地域性强、植物生长优良、易于养护的植物景观。自然式种植方式的运用,易于形成更贴近自然的植物群落形式与视觉体验,做到始于自然、终于自然,使环境具有自我调节恢复能力。在植物季相设计上,考虑到白云鄂博矿区常年刮风、干燥、冬季严寒等气候特征,需要做到四季有景可赏,植物选择应以常绿植物为主,配以彩色树种,形成富有变化的季相景观。

树种选择策略:以富集植物为主,辅以乡土植物,并选用抗旱性、抗寒性优良的植物。常绿植物选择沙地柏、侧柏、云杉、油松、樟子松等,落叶植物选择山桃、山杏、榆叶梅等,草坪选用紫花苜蓿等,富集耐受植物选择胡枝子、小叶锦鸡儿等。

6. 旱溪

旱溪的旱期由原有矿石堆叠而成,辅以花木间植,营造自然野性之美。面积较大的主水面在旱期经过清理用作销售、展览、科普、教育园区,也可作为紧急避难场所。

在汛期,潺潺流水不仅提供清凉的视觉体验,同时也有水流与碎石碰撞出的“叮咚”,辅以鸟鸣美妙之音,兼顾视觉、听觉等多种感官体验,给人以一种闲适之感(图 6-9)。

旱溪旱期

旱溪局部无水期，由原有矿石堆叠而成，辅以花木间植，营造自然野性之美。面积较大的主水面在旱期经过清理用作销售、展览、科普、教育园区，也是紧急避难场所之一。

旱溪汛期

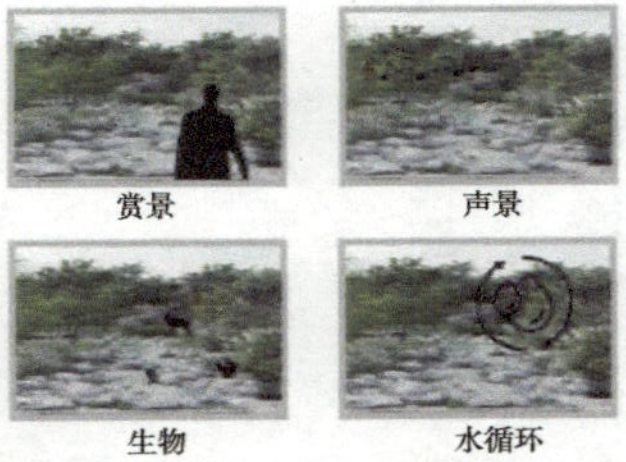

旱溪汛期时潺潺流水不仅提供清凉的视觉体验，还有水流与碎石碰撞出的“叮咚”，辅以鸟鸣美妙之音，兼顾视觉、听觉等多种感官体验，给人以一种闲适之感。

图 6-9　旱溪效果图

7. 雨水花园

园区内的雨水花园系统主要由生态湿地、旱溪、植物蓄水区组成。植物蓄水区位于主要道路旁的绿地，通过管道与生态湿地相连，将处理后的水汇入湿地，必要时将储存的水用于灌溉。生态旱溪有传输和滞留雨水的作用，引导汇集雨水通过明渠系统使水活跃起来(图 6-10)。

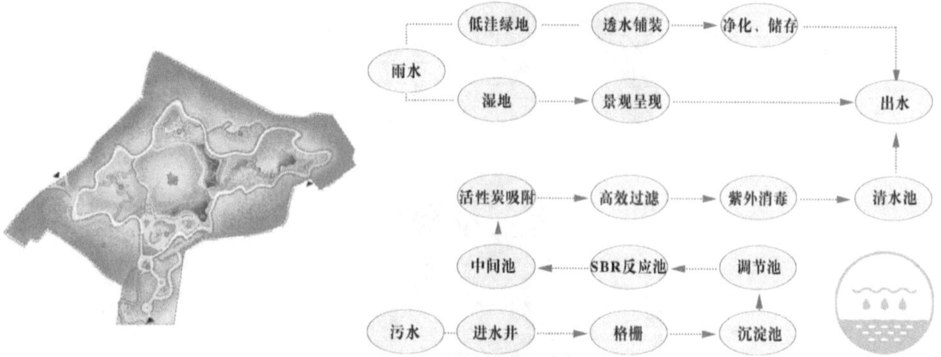

图 6-10　雨水花园示意图

8. 铺装设计

道路铺装景观是构成园林景观要素的重要组成部分，园内的铺装表现主要聚集在入口处，主要是各个广场、道路、停车场及一些特殊区域的铺装。硬质铺装的设计主要从文化元素和色彩、纹路方面提取。铺装的尺寸大小应适宜，大尺度的花岗岩、抛光砖要用在较大的空间，小尺寸的地砖，如马赛克、碎石拼花等适于较小的空间，通过一些材料的拼接形成或有趣或优雅或简单大方的肌理效果和图案。对于主要道路的铺装，考虑用水泥混凝土或沥青混凝土，对于宽度较小的部分游览路线采用卵石路面、嵌草路面或块料路面(图 6-11)。

9. 设计特点

(1)生态建设设计特点　生态建设是矿山公园建设必须解决的问题，在公园的建设之初首先要考虑的就是生态的修复设计，其次是历史矿坑的再利用和环境的保护，最后是能源的可再生性。这些在本设计中体现在植物修复技术、雨水花园等方面。

(2)文化传承设计特点　文化是使景观规划达到独树一帜的手段，然而景观设计中想要把文化通过展示达到传承有些困难，所以在设计时把当地文化合理、明确地穿插在景观中，达到润物细无声的效果。在本次设计中文化是通过岩画的形式进行传播的。

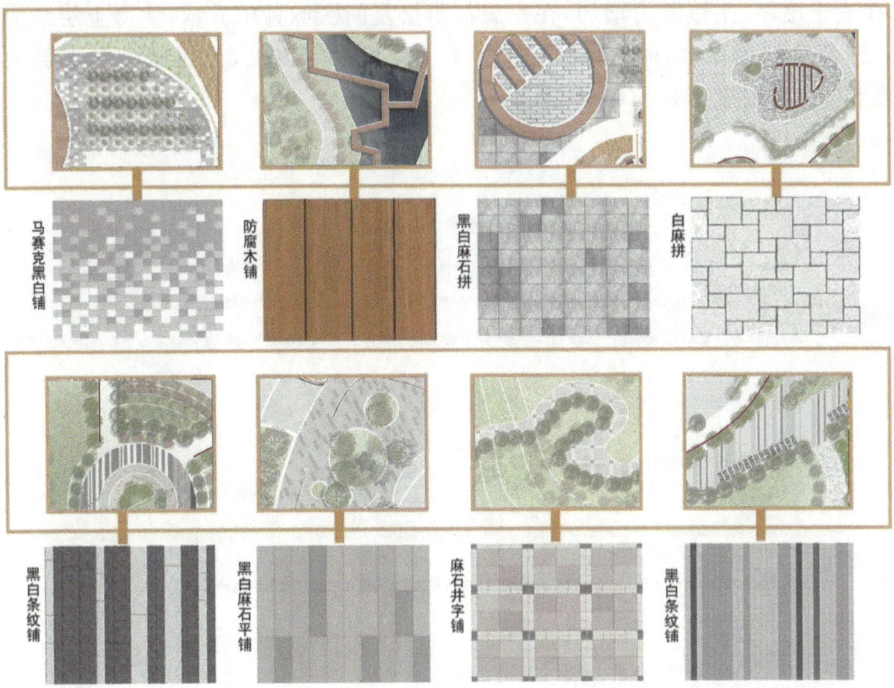

图 6-11　铺装效果图

(3)植物种植特点　利用生物笆、植生毯、生态包铺设等，覆盖在沙石区等表面，让植物原本无法生长的地方可以实现基本种植。在植物品种上主要选择特色乡土植物，使恢复后的矿山融入周围地形地貌中。此外，还通过选择在当地恶劣条件下易成活的植物安置在边坡，在形成生态景观的同时起到加固边坡的稳定性的作用，也可对当地的大风气候形成天然的风沙屏障，这些技术手段在改善生态环境的同时也尽可能地还原了矿山开采前的原生态景观。

本次设计重点就是在旅游开发的大潮流下，如何使废弃地换新颜，展现其本土文化特色，形成独特的白云鄂博矿山公园，在此基础上开发引导旅游的同时保护白云鄂博矿山公园的景观生态环境，形成文化和生态相辅相成，发展和进步良性互补的局面。

植物种植以 20 年为目标，共分为三个步骤分别达到不同的目标。第一步是解决现阶段的土壤贫瘠，改变场地内仅有少量的芨芨草、针茅草等草本植物的状况。第二步是在开始实施的三年中利用禾本科植物增加场地的植物覆盖面积，让表土厚度增加，开始培育一些灌木林。第三步是将十年种植培育好的灌木，增加土壤厚度，让表土增厚，土壤肥力增加，在完成初步修复的区域种植乔木，使得土层结构优化。20 年后加种乔木，形成防护林带。土壤厚度稳定增加，土壤肥力与土层结构均趋于可持续发展(图 6-12)。

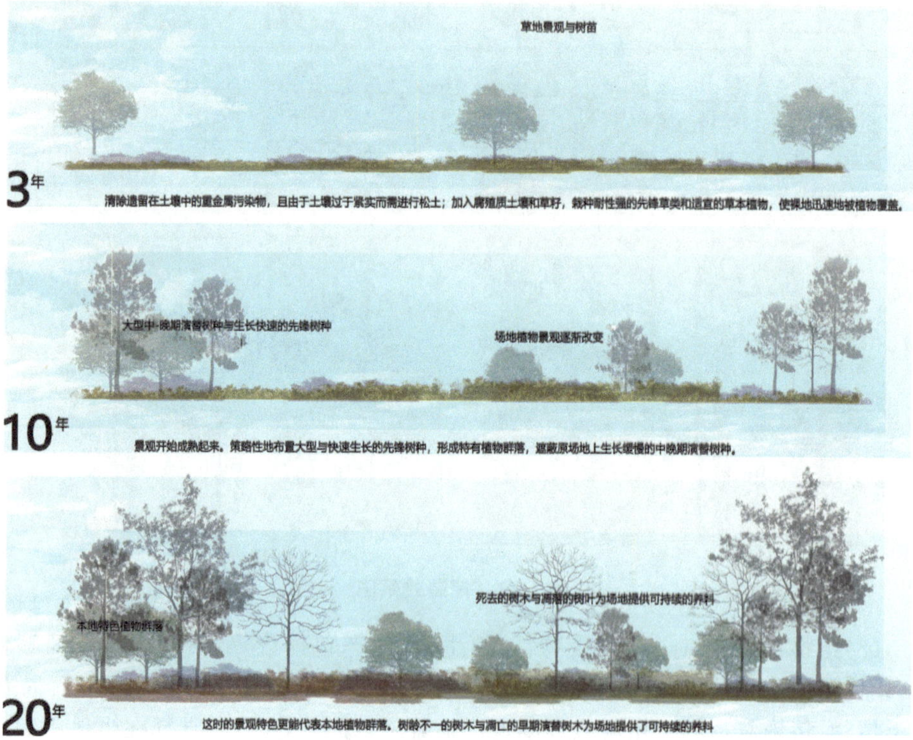

图 6-12　植物修复展望图

7 白云鄂博矿山公园二期景观规划

7.1 设计说明

白云鄂博矿山公园二期项目位于内蒙古包头市北 149 km 处，坐落于白云鄂博矿山东南侧。该区域曾为矿山办公区，现已经过改造，成为一片林地。

1. 设计目的及意义

矿山公园二期位于矿山的东南侧，地势由北到南逐渐降低且处于矿山的低洼处。此外，受冬季西北风影响又处于矿山的下风口，二期处于矿山和居民区之间，是阻隔矿山污染扩散，为居民提供就近休闲娱乐的空间。该公园与一期公园间隔一座办公大楼和少量居民楼，分布在矿山的东南侧和西南侧，从城市空间景观塑造和阻隔污染的角度来看，二期矿山公园项目的生态意义和社会意义更为重要。

2. 现状分析

(1)区位分析　该地块位于城市主干道的北面，东西分别连接城市次干道，总体可达性良好。周边居住用地居多，主要分布在地块的西南侧。综合考虑周边道路和用地分布，可在地块的南侧和西侧设置出入口。该地块面积约 11.3 hm^2，呈南低北高的地势，高差约 14 m。周边有城市主次干道，交通便利，并配套政府机关、学校、医院、公园、百货商场等。基地的西侧为工业区，提供矿区开采的后续提炼制造等一系列工序。东北侧的污染比较严重，存在重金属、轻稀土和放射性核素污染。该基地位于城区边缘，建筑大多集中在西南方向，主要以中低层建筑为主。

(2)气候分析　白云鄂博矿山公园二期位于典型温带大陆性气候区，气候干燥、风大、温差大。全年降水较少，主要分布在夏季和初秋，冬季则以干燥和寒冷为主；年平均气温约为 6 ℃，夏季平均气温较高，冬季则相对较低。同时，还受到蒙古高压和西伯利亚高压的影响，具有明显的季风气候特征。近年来，随着气候变化的加剧，气候也呈现出一定的变化趋势，其中以温度上升、降水量减少为主要特征。

(3)土壤分析　由于矿区的采矿、选矿、冶炼以及尾矿处理等活动，土壤中富含大量重金属元素和其他有害物质，进而导致了严重的土壤污染。长期以来，这些污染物质已经积累到了土壤中，其中包括铜、铅、锌、镉和汞等重金属元素，它们的含量已经超出了环境质量标准。这些污染物质对周围环境和人类健康造成了潜在的风险。除了矿区内的土壤污染，周围的农田、水体和生态系统也受到了一定的影响。特别是农作物，经长期吸收污染物质后，可能对人类健康带来潜在威胁。此外，矿区地下水也存在一定程度的重金属污染。

3. 设计理念

通过“矿业遗迹”“生态恢复或修复”等方式，对文化脉络进行梳理，以改善生态环境和净化、吸收空气中的污染物为目标。设计组合具有生态修复功能的绿地景观，同时考虑周边环境状况，提出创新性的策略，实现植物景观的可持续发展。设计遵循“美学、生态、科学”原则，并探索以尊重自然生态秩序为基本的城市景观表达形式，最终实现矿区生态重建和城市景观再造。

4. 植物群落设计策略

为了实现矿区土壤的修复，本文采用“一亩一策、一米一案”的修复策略。其中，“一亩一策”指的是对矿山进行土壤污染分区，然后针对每个区域进行植物群落构建，以应对土壤污染和植被扰动空间分布差异性的问题。在每亩土地上，我们对土壤进行分析，以筛选出适合修复的植物，并进行植物群落的构建（图 7-1）。

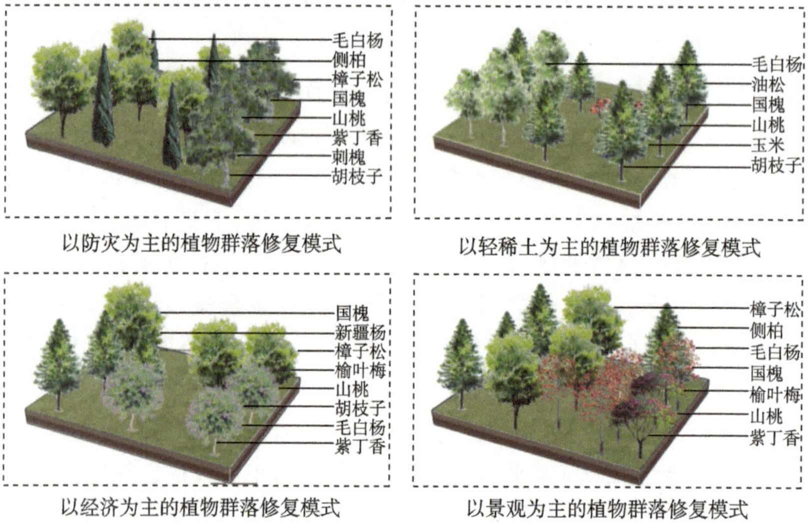

以防灾为主的植物群落修复模式　　以轻稀土为主的植物群落修复模式

以经济为主的植物群落修复模式　　以景观为主的植物群落修复模式

图 7-1　“一亩一策”设计策略

“一米一案”的植物修复策略是指从土壤表层开始向下延伸 1 m，对不同土层的问题进行分析，并根据不同问题值（例如污染值和理化性质值）配植适合修复的植物。例如，对于－20～0 cm 的土层，我们会选择黑麦草这种草本植物来防止水土流失；对于－50～－21 cm 的土层，我们会选择能够修复稀土的灌木胡枝子；对于－100～－51 cm 的土层，我们会选择能够耐受稀土污染的乔木油松等适合的植物进行配植（图 7-2）。

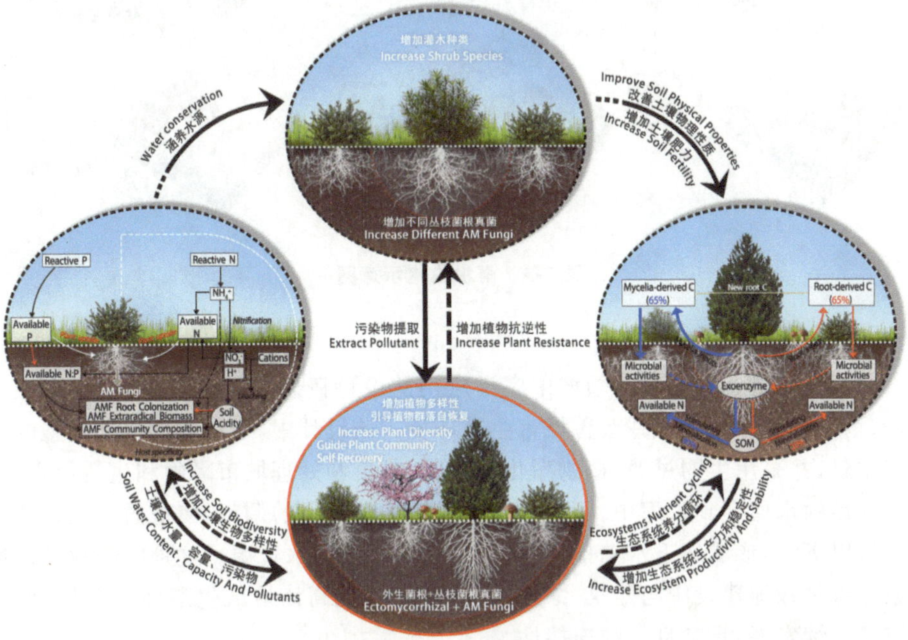

图 7-2 “一米一案”设计策略

7.2 生态修复技术分析

1. 雨水收集

白云鄂博矿区受到多种因素的影响，包括矿井废水排放、雨水淋溶、地表径流和生活污水排放等影响，其地下水污染程度相当严重，有害污染物质进一步传播扩散，周边居民排放的生活污水进一步加重了土壤污染的程度，对环境造成了巨大污染。因此，本次设计采用雨水和生活污水的收集和处理，通过过滤池和沉淀池等措施，储存水资源，并在旱季利用储备水进行植物灌溉。同时，通过采用下渗树沟、植草沟和土地的自然下渗等方式，汇集雨水并通过过滤池进行净化，最终将净化后的污水储存在蓄水池中以备不时之需（图 7-3）。

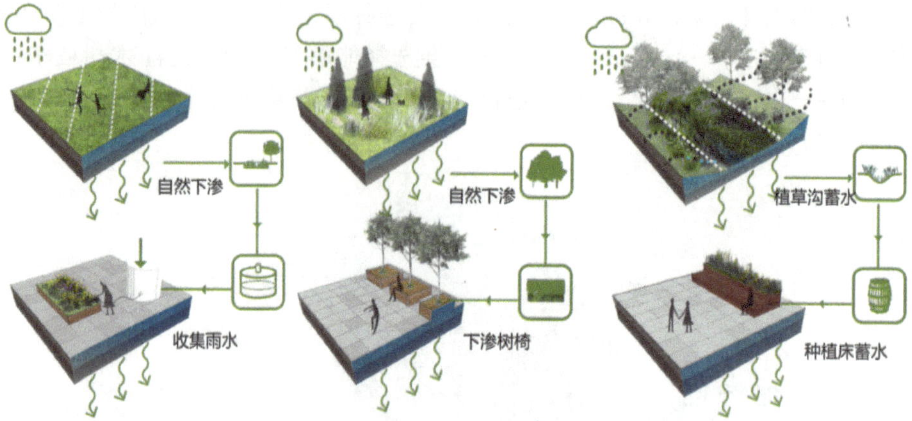

图 7-3　雨水收集示意图

2. 水银行

“水银行”是一种在园林领域中广泛应用的设计概念，旨在通过采用生态工程手段，增加园林绿地面积并改善城市生态环境。该设计中，通过建设各种类型的水体和水景，并采用生物过滤、植物净化等手段，收集和处理城市降雨和生活污水，并将处理后的水储存到水库中。此外，通过对植被和地形的调整，使得雨水在自然条件下得以下渗，形成地下水储备，为城市提供可持续的水资源。这种“水银行”设计方案在园林绿地建设中与建筑、绿地结合，有助于提高该地区生态环境质量，促进城市可持续发展，具有良好的连接性。

(1)与建筑结合　冬季建筑排出的废水下渗入储水槽，进行地下水补充与储备，夏季大储水池可以为小储水槽补充水源，解决场地灌溉问题(图 7-4)。

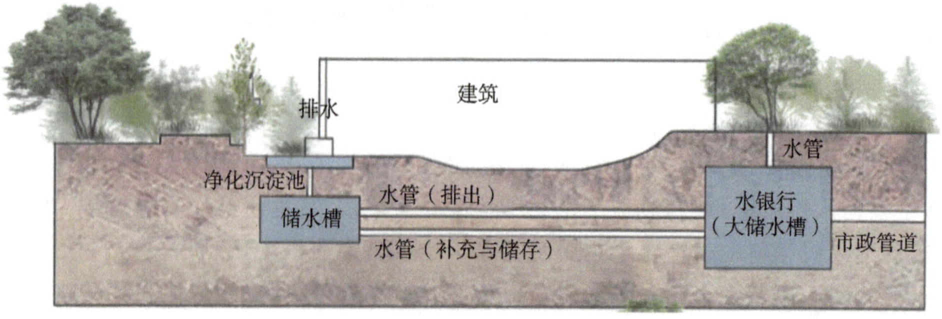

图 7-4　水银行与建筑结合示意图

(2)与绿地结合　雨水通过道路与植物下渗到储水槽，进行地下水补充与储备，同时可为植物提供涵养灌溉的水源(图 7-5)。

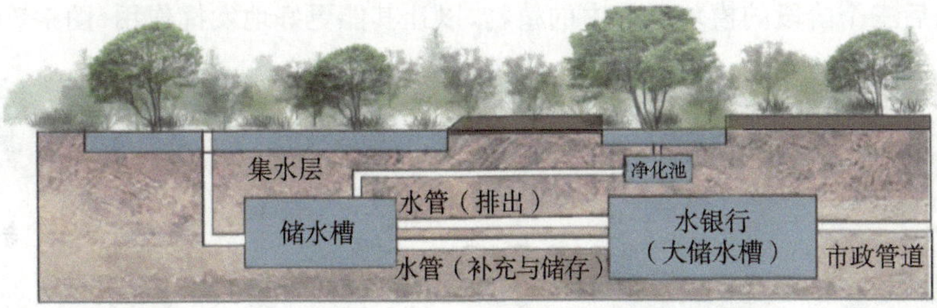

图 7-5　水银行与绿地结合示意图

3. 土壤修复

土壤修复须尊重现有的基地条件，利用模块组件选用抗逆性强、具有吸收重金属等特性的植物来进行净化。整个修复过程分为前、中、后三个阶段，通过逐步引入不同批次的模块组件中的植物来吸收污染物，逐步恢复土壤活力，从而实现植物群落逐渐稳定的目标。

(1)土壤现状　由于土壤覆盖率较低，我们对不同的土壤问题进行相对细致的划分，划分为岩石裸露区、煤渣土区、垃圾回填土区、盐碱地区、石质土区、斑秃地表区域等不同区。矿区高程较高的区域只有少部分有厚度 45～100 cm 的土壤覆盖，其中至少有 80％为沙石质土壤；高程较低的地方大多为垃圾填埋区，表层依旧只有 45～50 cm 可以用来种植的土壤。此外，土壤稀缺的同时还存在着重金属污染的问题。白云鄂博矿区是世界上最大的稀土矿，除稀土外，还蕴藏有丰富的铌、钪和钍等关键金属。开采后基本上丧失了之前所具备的草原生态功能，环境相当恶劣，尾矿的土壤生态修复刻不容缓。目前，部分植物已经停止生长，矿区土壤主要存在 Pb、Cu、Zn、Ni 和 As 等重金属污染元素(图 7-6)。

图 7-6　土壤现状示意图

(2)土壤修复初期　选择抗逆性强的乡土树种，并利用模块组件植物净化的方法进行修复。模块单体采用 40 cm×40 cm×40 cm 的立体盒子，内层为木料，外层为铁丝质网格架。我们将受污染的土置于模块组件中，通过选用不同类型的植物对不同污染阶段的土壤进行净化。为观察不同阶段植物对土壤的净化作用,我们随时更换前、中、后三个阶段的模块组件中的植物,以让其能更好地发挥作用(图 7-7)。

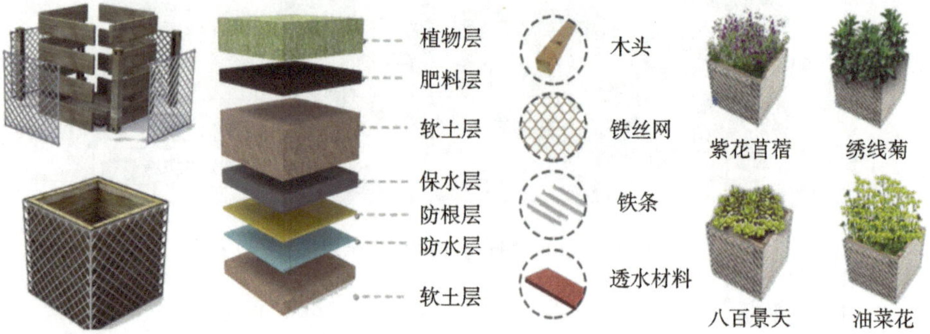

图 7-7 植物模块组件示意图

通过隔离的方式将受污染的土壤置于模块组件中,通过选用不同类型的植物对不同污染阶段的土壤进行净化。观察不同阶段植物对土壤的净化作用,随时更换前、中、后不同阶段模块组件中的植物,让其能更好地发挥作用。

(3)土壤修复后期　土壤厚度增加,土壤肥力与土层结构均趋于优良发展(图 7-8)。

图 7-8 土壤修复后期示意图

7.3 矿山公园二期规划设计

白云鄂博矿山公园二期项目位于白云鄂博矿山东南侧,基地总面积 11.3 hm^2,最长处 641 m,最宽处 244 m,形似三角形。矿山公园二期所处区域比矿山公园一期区域污染更为严重,其处于矿山下风口,且地势较低,受到风和重力的共同作用,该区域土壤呈现出黑色的状态。基地南侧和西侧紧邻道路,南侧为居民住宅区,该公园是矿山和居民住宅区中间的重要隔离绿地。二期总平面图见图 7-9。

图 7-9　矿山公园二期总平面图

1. 整体布局

根据景观生态学、行为心理学、规划学等学科的理论原则，我们对基址规划、现有地势环境和植被资源进行了详细分析，并设计出了一个包括“两轴两核两面六大区域七大节点”的复杂景观规划布局。第一条轴线从东侧次入口广场一直延伸到西侧的草坡生态修复区，第二条轴线从主入口开始，一直延伸到山体深处，形成了流畅的景观轴线。此外，还设立了两个主要广场，分别是矿区主题广场和滨水活动广场，以及七大功能区，包括草坡生态修复区、防护林体验区、亲子活动区、游客服务区、水体净化区、乡土植物种植区和特色空间区（图 7-10）。

2. 道路交通规划

以人的行为习惯为原则，完善矿山公园二期的道路交通系统，达到道路分级系统详细、道路名称明确；确定道路中心线、交通交叉口设计、停车场、主要入口位置，以及明确路线选线（图 7-11）。

3. 设施规划

基于场地功能的需要，可以适度、合理地建设基础设施来提升场地的使用体验。为了凸显场地的矿山文化气息和特色，设计统一风格的场地设施，例如采用石

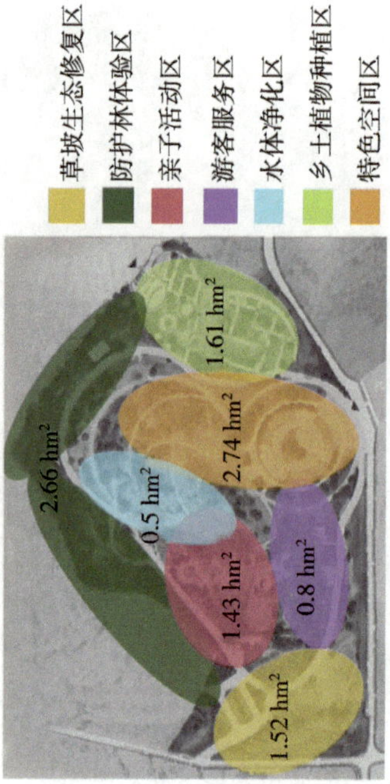

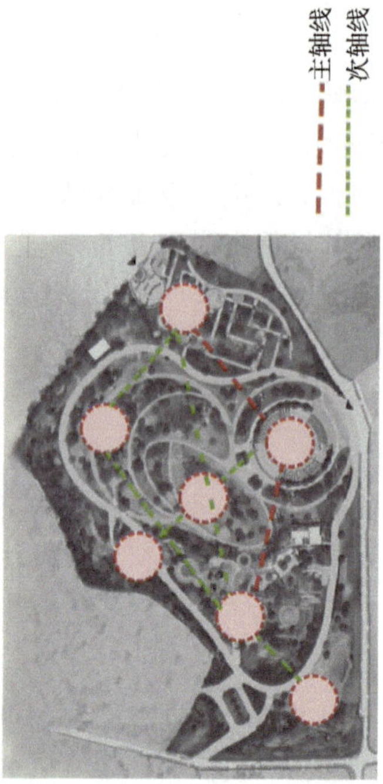

图 7-10　矿山公园二期整体布局

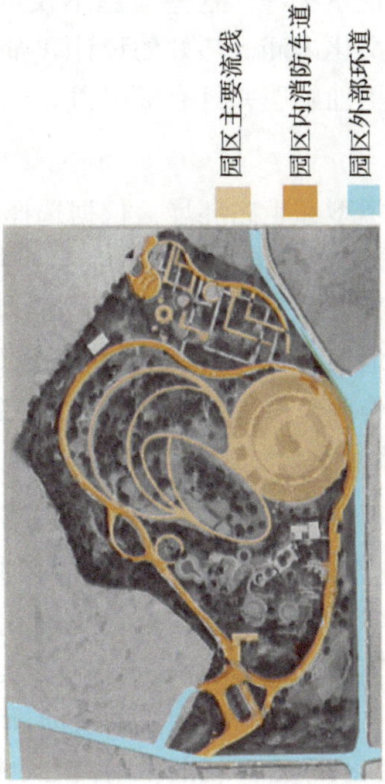

图 7-11 矿山公园二期交通系统

砌的休息座椅、石雕的道路标识系统等。这些设施不仅可以为使用者提供舒适的休憩体验，也能够增添场地的文化内涵。巧妙的设计和布局，可以为场地注入更多的人文情感和意蕴，从而使其更加鲜明并具有吸引力。

4. 植物规划

在植物的规划中，以土壤类型和生态环境为依据选择植物，同时须注意植物的季相变化和色彩搭配。富集型植物是植物配置的主要组成部分，辅以优良的乡土植物进行种植，如沙地柏、油松、云杉、紫花苜蓿草和二色补血草等。考虑到白云鄂博矿区风沙较大，为有效保护地面植被，必须搭建风障。为此，选用当地易于成活的速生树种，如油松、榆树等，作为天然的抗风屏障，既能起到固坡防沙的作用，还能还原矿山未被开采前的自然景观。

5. 污水净化利用区

污水净化利用区位于基地东侧。该基地北侧设置了防护林，可起到抵挡空气中污染物质的作用。东临污水处理的微型湿地，为该净化广场提供水源。在基地内部设置大小深浅不一的水广场，以汇集雨水，实现净水处理的功能。夏季游客可以欣赏水景，秋季则可在广场上进行以旱喷为主的活动，而冬季这里则会成为亲子活动的溜冰场。随着季节的变化，净水广场的活动内容也随之变化，游客在此可以得到无穷的乐趣。

6. 山林自然活动区

山林自然活动区是一片供游客进行户外活动的区域，为游客提供了木栈道、休息座椅等设施，让游客可以在大自然中尽情呼吸新鲜空气。为了给游客带来更好的遮阳效果，种植了高大、茂密的乔木，例如国槐、馒头柳和榆树等(图 7-12)。

图 7-12　山林自然活动区效果图

7. 生态修复展示区

生态修复展示区展示了主要用于矿区修复的植物。草本植物以富集型植物为主，如猪毛菜能够富集 Hg 元素，风毛菊能够将 Cu、Mn、Zn 和 Cr 元素从植物根部转移至植物地上部分，而骆驼蓬和灯芯草则能够将金属元素囤积在根部。此外，蒲公英能够吸收重金属和稀土元素，而碱蓬则具有强大的抗逆性，可增加土壤有机质含量，有效减少土壤污染。对于上层植物的选择，则注重根系发达和抗逆性强的榆树、油松等物种(图 7-13)。

1.油松
2.榆树
3.国槐
4.馒头柳
5.金叶榆
6.云杉
7.旱柳
8.山桃
9.女贞球
10.圆柏
11.蒲公英
12.沙地柏
13.猪毛菜
14.二色补血草
15.风毛菊

图 7-13　生态修复展示区平面图

8. 亲子娱乐休闲区

亲子娱乐休闲区的设计原则是以趣味性、安全性、系统性为主。趣味性方面，考虑到孩子们喜欢沙土、嬉水的特点，设计了沙滩类的游乐设施和浅水活动区。安全性方面，我们选择使用色彩艳丽的塑胶地垫作为铺装材料。系统性则考虑到孩子们的不同年龄阶段和成长特点，设计了不同适应年龄的游戏设施。例如，1.5 岁以下的孩子可以在椅子、沙坑和草坪上玩耍；1.5～3.5 岁的孩子可以在沙坑、广场和固定器械上玩耍；3.5～5.5 岁的孩子可以在秋千和滑梯上玩耍。

7.4　设计特点分析

(1)教育与景观设计相结合的特点　文化是让景观规划变得独具特色的手段，然而在景观设计中，通过展示文化来实现文化传承有些困难。因此，在设计中，我们将当地文化合理明确地融入景观中，以达到润物细无声的效果。本次设计中，文化融入是通过场地中的景观小品、当地植被、矿山废弃物、构筑物的再利用等方式，展示文化特色，解读场地文化，并利用当地传统特色植被和矿山遗产获取观赏者的情感共鸣。

（2）色彩设计的特点　色彩设计是完善景观设计不可或缺的一部分，我们根据白云鄂博矿区整体城市色彩和项目基址整体，选用了石头的深灰色、田间植被的绿色和本土气息浓郁的大地黄色，以形成色彩搭配的和谐效果。

（3）植物种植的特点　基地盛行西北风，南侧重金属含量较高，因此在南侧种植了吸收重金属的胡枝子、早熟禾、碱蓬等植物以及对重金属有较强抗性的毛白杨、白蜡等植物。同时，植物种植也搭配了常绿植物和彩色叶树种，形成了富有变化的季相景观。常绿植物的选择包括沙地柏、侧柏、云杉、油松等，彩色叶树种的选择则包括金叶榆、山桃等。

7.5　设计策略分析总结

包头市白云鄂博矿山公园二期景观规划与设计的主要策略如下。

（1）建立生态自我修复模式，培育自然力量，借助自然力量促进自我修复，创造美好的生态环境。

（2）绿化面积最大化，增强植被弹性，使公园能够更好地进行微气候的调节。

（3）在景观设计中增加矿石文化科教基地、运动健身基地、植物科教基地、生态修复科教基地等7个区域，以加强区域之间的联系。例如，为了增加居民的运动，增加了运动区，并在山地林间建造了景观小品。

（4）运用科学的生态修复手段，打造静谧、幽雅的高品质公园。

（5）以矿山公园作为先导，实现废弃地修复再利用，促进生态和旅游和谐共生。

随着城市的发展，人们对矿产物质资源在生活和工业生产中的需求不断增加，导致人类大量开采矿物资源。过度开采不仅带来巨大的生产效益，更会带来地质灾害和对生态景观环境的破坏。社会发展和经济增长的首要条件是不能以破坏自然生态环境为代价。当前国家逐步开始重视矿坑废弃地的景观修复问题。本设计合理地利用了矿坑独有的自然地形条件，延续了矿区的历史和文化，协调了景观绿植的层次关系，以修复60多年来矿业开采对环境所造成的破坏。将整个公园分为不同的功能分区，以适应不同年龄段人群的需求。本设计在修复自然环境的同时，更重要的是提供更好的休闲娱乐、科研教育场所，吸引更多的居民，促进当地经济可持续发展。

矿山公园二期景观规划设计效果图见图7-14至图7-19。

图 7-14 观景台节点透视设计

图 7-15 休闲区节点透视设计

图 7-16 景观大道节点透视设计

图 7-17　小品节点透视设计

图 7-18　滑索节点透视设计

图 7-19　停车场节点透视设计

参考文献

[1]BDLA 德国景观设计师联盟.当代德国景观设计盘点[M].北京:中国电力出版社.2007.

[2]陈耕.白云鄂博主、东矿回顾性环境影响评价[D].呼和浩特:内蒙古大学,2012.

[3]陈顺安,黄学军.工业景观设计[M].北京:高等教育出版社,2009.

[4]杜青松.基于循环经济的煤矿类矿山公园建设模式研究[D].北京:中国地质大学,2011.

[5]高坤,蔺莎,孙雯,等.基于生态技术美学视角的矿区生态修复探索——以白云鄂博矿山公园为例[J].风景园林,2017(08):66-69.

[6]黄贝琪.棕地复兴[D].重庆:重庆大学,2012.

[7]胡燕.紫金山国家矿山公园工业旅游吸引力分析[D].厦门:厦门大学,2017.

[8]梁好雅.矿山废弃地生态修复与景观设计研究[D].长沙:湖南农业大学,2020.

[9]李悦.废弃矿山的生态恢复与景观营造[D].北京:北京林业大学.2010.

[10]刘兰薪.豫西矿区生态景观设计与研究[D].西安:西安建筑科技大学,2018.

[11]牟永峰.矿山公园景观规划理论研究[D].西安:西北农林科技大学,2009.

[12]钱奎梅.煤炭矿区复垦土壤的菌根修复技术研究[D].徐州:中国矿业大学,2012.

[13]汤恒.基于"城市双修"理念的独立工矿区转型规划策略研究[D].北京:北京建筑大学,2018.

[14]王璐.基于恢复生态学的城市采石废弃地景观设计研究[D].北京:北京林业大学,2019.

[15]王佳.呼和浩特大青山五道沟矿山生态恢复及旅游区景观规划设计[D].呼和浩特:内蒙古农业大学,2019.

[16]谢超华.基于生态修复理论的矿山废弃地景观修复设计[D].南京:东南大学,2018.

[17]谢海佳.从化温泉风景区核心区域景观植物与历史文化景观营造的调查研究[D].广州:仲恺农业工程学院,2016.

[18]谢伟强.铅锌矿区污染土壤及废渣的固化/稳定化修复及机理研究[D].长沙:湖南大学,2016.

[19]谢佳慧.矿业遗产旅游地居民地方感研究[D].大连:东北财经大学,2015.

[20]项玲.淮北煤炭矿区工业旅游资源开发研究[J].淮海工学院学报(人文社会科学版),2017,15(02):95-97.

[21]肖静蕾.矿山公园景观规划设计研究[D].武汉:湖北工业大学,2012.

[22]钟影.矿区旅游资源价值评价与开发研究[D].合肥:合肥工业大学,2015.